教育部青年人文社会科学研究项目孔府旧藏与儒生服饰文化（17YJC760095）资助

# 彩袂蹁跹

## 中国传统服装襟边缘饰

魏娜　孔凡栋　·著

中国纺织出版社有限公司

# 内 容 提 要

本书以实地调研采风和传世收藏品为基础，结合相关史料文献，运用艺术学、人类学、服装艺术学、服装工程学等研究方法，对中国传统服装的襟边缘饰从服饰文化、形制、色彩、图案、工艺以及在现代服装上的应用等方面做了详细深入的梳理与研究，并尝试复原部分代表性工艺，对于研究中国传统服装发展、揭示其深刻文化内涵有参考价值。

## 图书在版编目（CIP）数据

彩袂蹁跹：中国传统服装襟边缘饰/魏娜，孔凡栋著．—北京：中国纺织出版社有限公司，2020.11
ISBN 978-7-5180-7698-7

Ⅰ．①彩⋯ Ⅱ．①魏⋯ ②孔⋯ Ⅲ．①服饰文化—研究—中国 Ⅳ.①TS941.12

中国版本图书馆CIP数据核字（2020）第139283号

---

策划编辑：籍博　郭慧娟　　责任编辑：郭慧娟
责任校对：楼旭红　　　　　责任印制：王艳丽

---

中国纺织出版社有限公司出版发行
地址：北京市朝阳区百子湾东里A407号楼　邮政编码：100124
销售电话：010－67004422　传真：010－87155801
http://www.c-textilep.com
中国纺织出版社天猫旗舰店
官方微博http://weibo.com/2119887771
北京华联印刷有限公司印刷　各地新华书店经销
2020年11月第1版第1次印刷
开本：787×1092　1/16　印张：15.75
字数：200千字　定价：88.00元

---

凡购本书，如有缺页、倒页、脱页，由本社图书营销中心调换

前言

综观中国服饰演变的历史，传统服饰始终保持着二维的平面造型，大部分朝代的服饰一直朝包裹身体方向发展，宽大的式样成为固定的服装风格，缘饰正是这种风格的产物。缘饰作为服装边缘的装饰，是中国传统服装常见的装饰形式，一般装点在服装的领口、门襟、袖端、衣摆开衩处、裙边、裤边等。缘饰伴随服装产生，并在生活实践中逐渐发展起来，具有典型的传统技艺与装饰艺术符号特征，体现了社会生产力的发展，反映出社会的思潮与变化，具有明显的时代烙印。

襟边缘饰形式多样、工艺复杂，大致有镶、绲、嵌、荡（也作宕）几种装饰方法。服装边缘除了以装饰为主的表现形式如结饰、珠饰外，常见的还有各类饰边，统称为花边。缘饰中出现的非服用材料主要集中于纽扣方面，早期的材质多为金、银、玉、珍珠、金锦、布帛等，后期又加入了金属、塑料、玻璃制品等，辅以镂雕、烧蓝、鎏金等工艺，金属材料比服用材料更有光泽感，与服饰交相生辉。

襟边缘饰的装饰技法以彩绘、印花（金）、刺绣等为主，这些技法借用各种不同的材料来丰富、增加缘边的美观。在边疆地区，还出土了不同于织锦和刺绣的缂丝缘饰，材料和工艺都有浓郁的地域色彩。

襟边缘饰运用的纹样可分为几何纹样、动物纹样、植物纹样、吉祥字纹，伴随着装饰技巧与表现形式的逐渐成熟，装饰纹样由实用功能，逐渐导向以对称、平衡、规律、节奏甚至是模拟等形式为主的艺术表现。传统衣缘装饰擅长颜色搭配，采用单色、对比色、套色等，与大身衣片形成或对比或调和的效果。为了凸显材质上的差异，缘饰多采用多重镶绲设计，形成丰富多彩的华丽风貌。

襟边缘饰体现了以人为本、器物服务于人的造物思想。中国传统服饰基于完全平面的直线裁剪，又使用质地轻薄的丝绸类材料，使用缘饰不仅可以降低服装边缘的工艺处理难度，而且可以充分利用边角料，增加衣物的耐磨性、悬垂度，加强衣边牢度，集简单、节省、规范、定性、美观等多种功能于一体，使衣服穿着效果更加合体。无论是人体的静止状态还是活动状态，服饰各部分都能协调一致，保持其稳定性，再加上自然的材质，寻求着天人合一的境界。

本书以实地调研采风和传世收藏品为基础，结合相关史料文献，运用艺术学、人类学、服装艺术学、服装工程学等研究方法，完成对传统服装襟边缘饰的研究，并尝试复原部分代表性工艺。书中线描图与照片若无特殊说明，均为笔者绘制与拍摄。

然而，由于对服装缘饰的研究尚属起步阶段，笔者的阅历、研究经验尚浅，仍有不少内容可在今后的研究中加以改进、深化和提高。

魏娜

2019年12月

# 目录

彩袂蹁跹
中国传统服装襟边缘饰

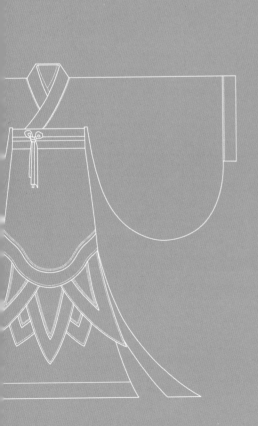

中国传统服装

缘
YUAN SHI

饰

发展

第一章

　　据记载，在黄帝尧舜时期开始出现了衣裳，而缘饰伴随服装的产生就已经存在了，它是人们在生活实践中逐渐产生和发展起来的。缘饰发端于商周，发展于各代，兴盛于清代。服装缘边的变迁体现出历史变迁且与我国的文明发展息息相关。朝代的更替、社会生产力的发展，缘边的表现也有其时代的烙印，反映出社会的思潮与变化。在宗法制度、伦理道德的思想束缚之下，裸露肌肤成为失礼的事情，使得大部分朝代的传统服饰一直朝包裹身体方向发展，宽大的式样成为固定的服装风格，缺乏对人体曲线美的欣赏，而缘饰正是这种思想的产物。

# 一、古代传统服装缘饰演变

## （一）先秦时期服饰与缘饰

　　先秦是指秦朝建立之前的历史时代（前21世纪～前221年）。先秦包括夏、商、西周、春秋、战国五个时期。传统史观认为，中国秦汉到晚清以前都是封建社会，而《剑桥中国史》开篇就指出中国的封建社会只局限于春秋、战国的几百年间，在这之后的两千多年是漫长的中央集权时代。封建是从西方史学引进的一个概念。封建，就是封土建国：封土是指把土地册封给诸侯，建国是让这些被册封的人去建立国家。而中央集权，是把地方的权力上收，由中央政府统一管理整个国家。

　　在秦朝以前中国就有大大小小的很多个国家，这是因为早期的周朝采取了分封制，把国土按照和王室亲缘关系的远近、将领战功的大小进行赏赐，还允许被赏赐的人在封地建立国家，由此形成了地方割据。周天子并没有实权，只是一个名义上的天下共主，靠这种分封制来安定周边的少数民族，稳定当时的政权。这种稳定是相对的，随着周王室的彻底衰败，诸侯国之间互相攻伐、彼此兼并。在战国时期，几百个诸侯国最终变成七个比较强大的国家：齐、楚、燕、韩、赵、魏、秦，被后世称作战国七雄。秦国先后灭掉了战国七雄中的其他六国，建立起大一统的中央政府，结束了封建的局面，而秦国也发展成中国第一个大一统王朝。

　　西周时，等级制度逐步确立，周王朝设"司服""内司服"官职，掌管王室服饰。根据文献记载和出土文物分析，中国冠服制度，初建立于夏商时期，周代已趋完善。《大戴礼记·五帝德》："黄帝黼黻衣，大带黼裳，乘龙扆云，以顺天地之纪"❶。已见定型的服装式样。从周代出土的文物来看，上衣下裳的基本形制已经确立。男女皆服用，贵族与平民的服装样式差别不大，除了质料精粗外，贵族阶层所穿的上衣，领、袖、裾等部位镶有花边或异色布。从出土器物上的衣饰造型可以发现这个时期服饰造型以窄袖为主，衣襟通常在膝盖附近，领、袖、衣襟缘有花纹，腰部用带束紧。下体的裙子也以质料、颜色、图案等差异来区分，形制无区别。先秦的衣服也有单夹之分。单衣称为禅，夹衣叫袷或复，夹衣有里子，有的还可加絮。先秦时期御寒的衣服有裘、袍、襺。裘是皮衣，甲骨文中的裘字，象毛外翻于外，皮革藏于内的形状。

　　上衣下裳制为最早的服装制度，形式较为简单，故上衣又称为"端"，有起始之意，用于朝服、祭服、兵服，以示重古，因整幅裁制，又有端正之义，《诗》中如《郑·缁衣》："缁衣之宜兮"，《秦·终南》："黻衣绣裳"等上衣，都为端衣之属。《周礼·司服》："齐服有玄端素端"，《郑笺》："端者，取其正也；士之衣袂皆二尺二寸，而属幅，是广袤等也。其祛尺二寸，大夫以上侈之"。据《仪礼服饰考辨》❷，端衣衣体是以宽二尺二寸，长四尺四寸之布对折合缝而成，对襟，有腰有衽。端衣衣领为方领，领边各宽四寸，祛为衣袖口，与袂相连，长度短，端衣祛长一尺二寸，大夫以上一尺八寸，有缘饰，端衣祛口有其他色彩作为边饰，自祛外包向祛内，共宽三寸，正面一寸半。

　　商代的服装形式，主要采用上衣下裳制，一般以小袖为多，衣服的长度大多在膝盖处，不分尊卑，全部制成上下两部分。一部分穿在上身，称衣，襦是短上衣，短衣有两种，一种齐腰，一种至膝盖，襦为一般人平时所穿；另一部分着于下身，称裳。衣后的裤褶、襦裙等都是这种服装的遗制。民间

---

❶ 王聘珍，王文锦. 大戴礼记解诂[M]. 北京：中华书局，1983：118-119.
❷ 考论儒家经典《仪礼》中所载周代服饰的专著。著者王关仕，台北文史哲出版社1977年初版。《仪礼》是记录周代礼俗、名物、制度的最早典籍，成书当在战国初至中叶，其中关于服饰的记录，随文散见。具有重要文献价值。

图1-1　殷墟出土玉人

（图片来源：《殷墟妇好墓》）

图1-2　马山楚墓出土人俑示意图

（图片来源：《江陵马山一号楚墓》）

女子所穿服装，大体与男装相同，腰下系一围裙，长不过膝，这种围裙被称为襜。周代的服饰大致沿袭商制而略有变化，总体来看，比商代宽松，长度大多过膝，衣袖有大小二式，衣领样式通常裁作Y型，腰间用丝带系束。如图1-1所示殷墟出土玉人衣饰较为清楚："身着衣，交领垂于胸，长袖至腕，袖口较窄。腰束宽带。衣下缘似及足踝。衣上饰云纹。腹前悬长条形'蔽膝'，下缘及膝部。似着鞋（因未露脚趾）" ❶。

战国时期，由于连年战争，西周以来的各项礼仪逐渐废除。相应地与礼仪紧密结合的服饰款式也产生了一些变化。尽管这一时期战国七雄齐、楚、燕、韩、赵、魏、秦诸侯国限于地域而表现出鲜明的地域文化色彩，但从近几十年全国各地出土的彩绘木俑和陶俑来看，当时具有代表性的服饰是所谓的"绕衿谓裙"，亦即沿宽边的下身缠绕式的肥大衣服，如图1-2所示马山楚

❶ 中国社会科学院考古研究所. 殷墟妇好墓[M]. 北京：文物出版社，1980：151.

墓出土的彩绘着衣木俑，身上绣凤鸟花卉纹，大襟和底边饰塔形纹锦缘。西汉扬雄在训诂书《方言》中说："绕衿谓之帬（裙）"。并注："俗人呼接下，江东通言下裳"。绕衿，作"绕领"，见《广雅·释器》："绕领，帔，裙也"。清代王念孙《疏证》也有类此注解。

衣摆缘边是塑造服装外轮廓线造型的重要手段，且限制较小，可以运用的手法丰富。衣身前后片开衩处的位置，是装饰的重点。早期的衣底边造型复杂，拼接比较多。战国时期洛阳金村出土的一件舞人玉饰，所着袍服为绕襟袍服，底边缘部分由数块面料拼接而成，而底边缘的运用则可以起到固定面料使其不容易变形的作用（图1-3）。湖北云梦西汉墓出土的人俑下摆缘边

图1-3　洛阳金村出土舞人玉饰及所着袍服摆缘示意图

（图片来源：福瑞尔博物馆藏，笔者绘制）

围绕身体层层叠叠（图1-4）。图1-5这三组木俑是20世纪30年代湖南长沙近郊楚墓出土，从左到右第一组着交领直裾广袖长袍，袍绘S形云纹，镶宽边。第二组领、袖、下摆均镶杯纹织锦宽边。第三组绘小簇红花和云纹，缘边都很宽。

图1-4　云梦汉墓人俑

（图片来源：《湖北云梦西汉墓发掘简报》）

图1-5　长沙楚墓出土的着长袍立俑形象

（图片来源：《传递千古的风韵——湖南出土的楚汉木俑》）

（1）缘边位置。

领部：从早期文献记载和出土物品可以看出，这一时期以交领领缘为主，衣服的领部与前襟叠相交于胸前；再就是直领对襟式的领缘，用长条布料为领缝于衣身，成为领襟连属的结构。商代端衣之衣领为方领，领边各宽四寸，依爵位不同而有不同饰边。衣袖由袂与祛组成，袂为袖体，祛为袖口。根据《史部·通典》司服注，端衣衣袂另以一幅布制作，缝成后左右块长宽皆二尺二寸，大夫以上则加大为三尺三寸。祛为衣袖口，与袂相连，长度较短；士之端衣祛长一尺二寸，大夫以上一尺八寸，有缘饰，制与深衣相同。端衣祛口有其他色彩作为边饰，自祛外包向祛内，共宽三寸，正面一寸半。

春秋战国之际出现的深衣是"衣裳相连，被体深邃"，斜领，领口与襟摆为一体，大袖，曲裾。衣服为单一色彩，仅领口和衣襟的缘边饰以彩色几何纹样的刺绣。具有庄重、朴实之美。《礼记·深衣》："古者深衣，盖有制度，以应规矩，绳权衡。短毋见肤，长毋被土，续衽钩边；要缝半下；格之高下可以运肘，袂之长短反诎之及肘，带下毋厌髀，上毋厌胁，当无骨者。制十有二幅，以应十有二月，袂圜以应规，曲袷如矩以应方，负绳及踝以应直，下齐如权衡以应平……具父母、大父母衣纯以缋，具父母衣纯以青，如孤子，衣纯以素，纯袂缘，纯边，广各寸半"。《礼记·深衣》篇注："（深衣）谓连衣、裳而纯之以采也"。

深衣是将衣、裳分裁，再于腰间合缝，保有端衣、裳的造型。其长至脚踝，曲领，右衽；裳十二幅，前后缝合，直裾；宽身大袖，腰间系带。深衣之衣襟分为内部和外部，两襟相交，便成方领。衣、裳，各有缘边，称为"纯"。衣、裳的缘边均一寸半，领的缘边为二寸。所谓"纯之以采"，是依照服用者不同的身份用不同的彩色缘边。

《诗经》中《小雅·采菽》："采菽采菽，筐之筥之。君子来朝，何锡予之？虽无予之？路车乘马。又何予之？玄衮及黼"。孔颖达注疏："龙首然谓之衮龙，衮是龙之状也……衮则画之，黼则刺之"。这段是关于祭祀活动所穿衮冕服的记载，《诗经诠释》[1]一书则认为"黼"是刺绣的衣缘，所谓"玄衮及黼"

---

[1] 屈万里. 诗经诠释[M]. 台北：联经出版事业公司，1983.

有可能是黑色画有龙纹的上衣，并有刺绣黼黻纹的衣缘。

　　1982年在湖北荆州地区马山一号墓出土的七件东周时期的袍服其形制接近深衣，又与深衣不同，可分为三种：第一种是斜裁，交领右衽，窄袖，素色绵袍，着于外衣之内的服饰；第二种为正裁宽袖，浅黄绢面绵袍，有凤鸟花卉文绣图案，缘边以锦绣织物；第三种为大袖式绵袍，衣袖比一般的要偏长，以锦为衣面，这三种袍都为直裾。如图1-6所示，从马山一号墓出土的服饰尺寸可以看出，这些出土实物的缘边都很宽，主要是受当时面料门幅的限制（表1-1）。战国时期纺织品的标准幅宽是2.2尺，折合现在为50.6厘米。例如，马山一号墓出土的对凤对龙纹绣浅黄绢面绵袍（图1-7），领缘宽9厘米，袖缘宽17厘米，摆缘宽11厘米，起到了拼接的作用。凤鸟花卉纹绣浅黄绢面绵袍的上衣长45厘米，其袖宽也为45厘米。马山楚墓袍服上衣与下裳的长度比例客观地反映了当时服装上衣短下裳长的特点。这与文献中记载周代玄端的式样是相符合的❶。"江陵马山楚墓内衣的领口较低小，而且后领窝下挖较深。中衣则不挖领口，直接在领上加缝领缘。外衣的领口则开得极为宽大，几乎开至肩部。其穿着后的效果则是逐层露出外衣和中衣的领口和衣襟"。

图1-6　马山楚墓出土的三种袍服样式

（图片来源：《江陵马山一号楚墓》）

❶ 贾玺增，李当岐. 江陵马山一号楚墓出土上下连属式袍服研究[J]. 装饰，2011（3）：77-81.

表1-1　江陵马山一号墓出土袍服数据统计

单位：厘米

| 名称 | 衣长 | 领缘宽 | 袖口宽 | 袖缘宽 | 下摆宽 | 摆缘宽 |
|---|---|---|---|---|---|---|
| 素纱绵袍 | 148 | 4.5 | 35 | 8 | 68 | — |
| 小菱形纹锦面绵袍 | 161 | 6 | 40 | 15 | 79 | 12 |
| 对凤对龙纹绣浅黄绢面绵袍 | 169 | 9 | 47 | 17 | 80 | 11 |
| 舞凤飞龙纹绣土黄绢面绵袍 | 140 | 3.1 | 35 | 9.5 | — | — |
| E型大菱形纹锦面绵袍 | 170.5 | 10.5 | 41 | 12 | 96 | 22 |
| 黄绢面绵袍 | 165 | 6 | 45 | 11 | 69 | 8 |
| 深黄绢面绵袍 | 171.5 | 4 | 41 | 17 | 73 | 6 |
| 一凤一龙相蟠纹绣紫红绢单衣 | 175 | 5 | 48 | 1 | 80 | 12 |
| 小菱形纹锦面绵袍 | 200 | 6 | 64.6 | 10.5 | 83 | 6 |

注　根据《江陵马山一号楚墓》一书整理。

表1-2是湖北江陵马山一号墓出土袍、衣所用缘饰的材质、图案、色彩的统计。早期工艺以纬编织物为主，缘边装饰部位以袍、袖、领、摆为主。

表1-2　湖北江陵马山一号墓出土袍、衣所用面料、图案、色彩统计

| 缘饰材料 | 工艺构造 | 图案 | 运用部位 | 色彩 |
|---|---|---|---|---|
| 锦 | 平纹地经线提花织物 | 动物纹锦 | 小菱形纹锦面绵袍裾和下摆缘 | 深棕、土黄、深红 |
| | | 条纹锦 | 袍领袖缘、镜衣缘 | 黑、土黄 |
| | | 大菱形纹锦（包括ABCD四种造型） | 用于袍、袖、领、摆缘 | 深棕、深红、土黄 |
| | | 几何纹锦 | 襟里缘 | 深棕、土黄 |
| 绢 | 平纹织物 | 无图案 | 袖缘、衣缘 | 藕荷、深黄、棕、深紫红 |
| 绦 | 纬线起花绦 | 田猎纹绦、龙凤纹绦、六边形纹绦、菱形花卉纹绦 | 袍领 | 深棕、红棕、土黄、钴蓝<br>六边形纹：绛红、黑、棕 |
| | 针织绦、纬编织物 | 星点纹绦 | E型大菱形纹锦面绵袍领缘部分，用于拼缝处 | 黑、棕 |
| | | 动物针织绦 | 对龙对凤纹绣浅黄绢面绵袍领、袖缘 | 红棕、土黄、深棕 |

续表

| 缘饰材料 | 工艺构造 | 图案 | 运用部位 | 色彩 |
|---|---|---|---|---|
| 绮 | 素色提花织物 | 无图案 | 蟠龙飞凤纹绣浅黄绢面上缘 | 浅黄 |
| | | | 一凤一龙相蟠纹绣紫红绢面单衣袖缘 | 紫红 |
| 组 | 经线交叉编织带状织物 | 无图案 | 袍领缘 | 浅黄 |

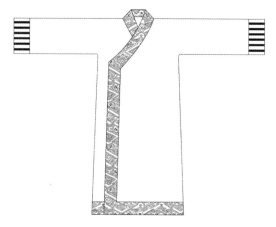

图1-7 对龙对凤纹绣浅黄绢面绵袍

图1-7的对龙对凤纹绣浅黄绢面绵袍为交领、右衽，袍面是对龙对凤纹，领和袖均用条纹锦，前襟和下摆均用大菱形纹锦，同时领缘和袖缘在条纹锦与黄绢面料之间镶有动物纹复合组织绦边。图1-8为舞凤飞龙纹绣土黄绢面绵袍，领缘分为内外两部分，外缘用田猎纹绦，内缘中部和大襟上部内侧用龙凤纹绦，袖口、大襟下半部分和下摆缘边用的是A型大菱形纹锦。表1-3是出土的袍不同位置缘边所用的具体图案，可以看出这一时期的纹样以抽象的几何纹样为主。

图1-8 舞凤飞龙纹绣土黄绢面绵袍

表1-3 湖北江陵马山一号墓出土袍、衣缘边纹饰

| 名称 | 表/里 | 领缘 | 袖口缘 | 大襟和下摆缘 |
|---|---|---|---|---|
| 舞凤飞龙纹绣土黄绢面绵袍 | 灰白绢里 | 外缘 田猎纹绦<br>内缘用龙凤纹绦 | A型大菱形纹锦 | A型大菱形纹锦 |
| 对龙对凤纹绣浅黄绢面绵袍 | 灰白绢里 | 条纹锦 | 条纹锦 | D型大菱形纹锦 |
| 小菱形纹锦面绵袍 | 深黄绢里 | 六边形绦 | A型大菱形纹锦 | 几何纹锦 |
| 小菱形纹锦面绵袍 | 深黄绢里 | A型大菱形纹锦 | 条纹锦 | 凤鸟花卉纹绣 |
| E型大菱形纹锦面绵袍 | 深黄绢里 | 条纹锦 | 条纹锦 | 凤鸟花卉纹绣 |

| 名称 | 表/里 | 领缘 | 袖口缘 | 大襟和下摆缘 |
|---|---|---|---|---|
| 一凤一龙相蟠纹绣紫红绢单衣 | 紫红绢里 | C型大菱形纹锦<br> | 条纹锦<br> | 龙凤相搏纹绣<br> |
| 龙凤虎纹绣罗单衣 | 灰白色罗 | B型大菱形纹锦<br> | B型大菱形纹锦<br> | C型大菱形纹锦<br> |

（2）缘饰材料。

从表1-2中可以得知，这一时期使用的缘饰材料以锦和绦为主，锦是古代一种多彩提花丝织物，是最高贵的丝绸品种。《释名·释采帛》："锦，金也，作之用功重，其价如金；故其制字从帛从金也"[1]。锦是经线起花的平纹重经组织，有织成各种纹样的彩锦和具有立体效果的绒圈锦。它可以织出各种漂亮的图案，因生产工艺复杂、织造难度大，代表了当时织造工艺的最高水平。"锦属厚重织物，既文彩华丽，富于装饰效果，又耐磨损，用于绮罗作地的薄质衣料作缘边，能起骨架作用，穿着时也较多便利，这应是它在实际应用方面的意义"[2]。因其贵重，故称"锦衣"与"玉食"。

楚国生产的锦有二色锦与三色锦等。在马山楚墓就有出土的锦大量用作衣服的袖缘、领缘和摆缘。二色锦是指经线有两种不同的颜色，各取一根成为一组，或用作花纹经，或用作地纹经；图1-9塔形纹锦和图1-10凤鸟菱形纹锦都是二色锦的代表；塔形纹锦是二色经线交替起花，这种锦主要制成锦带，还用于木俑所穿着衣裙的缘边。凤鸟菱形纹锦则用于黄绢绵袍的衣领内侧。三色锦

---

[1] 王先谦. 释名疏证补[M]. 上海：上海古籍出版社，1984.

[2] 沈从文. 沈从文全集：第32卷·物质文化史[M]. 太原：北岳文艺出版社，2009：72.

则是从三种不同颜色的经线中各取一根成为一组，一根用作地色，另外两根用于显示花纹。图1-11舞人动物纹锦和图1-12几何纹锦都属于三色锦。舞人动物纹锦和几何纹锦经线有深红、深黄、棕色三种，纬线为棕色。主要用作衫面和衣物的缘部。几何纹锦则用于小菱形纹锦面绵袍的裾和下摆缘。

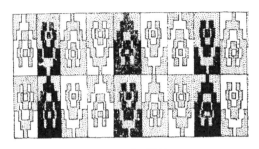

图1-9　塔形纹锦

（图片来源：《江陵马山一号楚墓》）

## （二）秦汉时期服饰与缘饰

### 1. 社会背景

秦代时间界定为公元前221～公元前206年，汉代为公元前206～公元220年。时代背景方面，秦统一中国后，设置了新的职位"皇帝"，不同于欧洲的君主，皇帝是一个神化的概念，得名于秦国原始信仰中的四方守护神灵，享有比之前更大的权力。秦王兼收六国军旗服御，创立拟定衣冠服制，开启了中央集权的新时代，这一时期是中国政治社会结构成型的关键时期，为了加强对国家的控制，秦朝采取了"书同文、车同轨"的措施：官方和民间的文书，都统一采取秦国之前用的小篆字体；把各种马车轮子的间距统一定为六尺，这给更大范围内的长途运输带来了便利，促进了经济的增长。此外，秦朝权力架构采用了郡

图1-10　凤鸟菱形纹锦

（图片来源：《江陵马山一号楚墓》）

图1-11　舞人动物纹锦

（图片来源：《江陵马山一号楚墓》）

图1-12　几何纹锦

（图片来源：《江陵马山一号楚墓》）

县制，把权力层层收回。这种制度把全国的一级行政单位设置为郡，在郡以下还有很多层级，都是由郡守管辖，而郡守又是由皇帝直接任命的，这样就加强了中央对地方的控制。郡县制的实施，和"书同文、车同轨"配合在一起，是一个国家认同的塑造过程，之前抽象意义上的中国，此后变成了一个具体的、统一的实体，而在这个国家认同的基础上，才有了中央集权。秦朝以后的中国社会有一个共同特点：都是在中央政府管理下的社会。这些社会虽然在经济、文化、军事各方面有着不同的特征，但本质上都是中央集权社会，从秦朝以后便一脉相承，一直延续了两千多年。

汉代大体上保留秦制。总体看，汉朝基本延续了秦朝的架构，它真正区别于秦朝的，是对思想的改造。秦汉是前后相接的时代，很多制度都是一脉相传的。汉朝历经了秦战乱，历代君主讲究休养生息、无为而治、恢复生气，社会的发展、文化的进步、民族间的交流，使其物质较为充裕。出现了中国古代社会的第一个兴盛时期，政治经济文化都达到一个高峰期，同时这也是一个弥漫着鬼神思想的时代，人们追求长生不老。

秦朝之前只是诸侯国之一，虽然后来通过武力统一了全国，但政权的合法性没有树立起来，法统的理念是在汉朝真正树立起来的。汉高祖的"白马之盟"确保只有刘姓者可为王，确立了皇室宗亲的正统地位。这个所谓的正统，需要有更进一步思想改造方面的配套措施。真正让这种思想改造登峰造极的，是汉武帝采取的"罢黜百家，独尊儒术"的策略。这时的儒家早已经不是孔子、孟子那个时代的儒家了，它主张礼仪和等级体系一切以皇权为尊，是一种绝对的君主制思想，而为了维护这种尊卑秩序，可以不惜动用国家强制力量来实施。除此以外，策略的提出者董仲舒还融合了先秦时期各种流派的思想，提出了"天人感应"的说法：天是有意志、有思想的，这种意志又和作为天子的皇帝相互感应，也就是说，皇帝是代表天来行使权力的，即"君权神授"。通过这样一套思想改造，汉朝确立了保证政权合法性的法统理念。这个理念不仅应用于汉朝，也深深影响了汉朝之后的历代王朝。

### 2. 服饰分类及主要造型特征

秦汉时期的服饰，可分常服、冠服、军服和少数民族服饰。日常所穿的常服，可以分长袍与短衣两大类。

袍服起源于先秦的深衣，可分为禅衣、襜褕。秦汉男子以袍服为主，袍服大袖袖口或宽或窄，多加镶边，衣领为交领，领口低以便露出里面的衣服，有时衣领多达三层，称为"三重衣"。西汉史游《急就篇》记载："长衣曰袍，下至足跗"，《释名·释衣服》："袍，丈夫着至下跗者也。袍，苞也；苞，内衣也。妇人以绛作衣裳，上下连，四起施缘，亦曰袍"。由此可知袍的形式为通体式、长度到足背的长形衣，汉代妇女所裁制的上下相连的衣服，在领口、袖口、衣襟、下摆施绲边，称为袍。袍在汉代以前是男子穿着的，在汉代为妇女通用之服，外出则需要在袍外加正式的服装。因穿脱方便符合人们需要而日益用途广泛。图1-13~图1-15所示男俑都是着右衽交领袍，双重领，领缘均为红色，内衣红色，其衣领、袖及下缘等均彩绘成红色。外衣领、袖及衣缘均镶以黑边，其中领、袖部分在黑边内绘以红色点状图案。腰束黑带，脚后部有圈弧状挖缺❶。综上所述，袍具有以下几个特点：

（1）采用交领，两襟相交，垂直而下。

  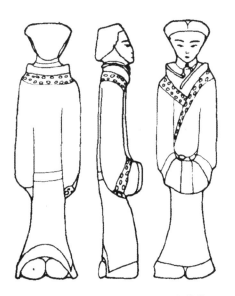 

图1-13 徐州市出土
西汉彩绘陶仪卫俑
（图片来源：江苏省徐
州市博物馆藏）

图1-14 西汉彩绘
陶仪卫俑
（图片来源：《中国织绣
全集：历代服饰卷》）

图1-15 徐州韩山西汉墓出土男立俑线描图
（图片来源：《徐州韩山西汉墓》）

❶ 耿建军，孟强，梁勇. 徐州韩山西汉墓[J]. 文物，1997（2）：26-43.

（2）质地较为厚实，有时还纳有绵絮。

（3）衣袖宽大，形成圆弧，至袖口部分则明显收敛，以便活动。

沈从文在其《中国古代服饰研究》中曾有详细的论述："汉代文化各部门都受楚文化影响，衣着方面也常提及楚衣、楚冠……特征是男女衣着多趋于瘦长，领缘较宽，绕襟旋转而下。衣多特别华美，红绿缤纷，衣上有作满地云纹、散点云纹或小簇花的，缘边多较宽，作规矩图案，一望而知，衣着材料必出于印、绘、绣等不同加工，边缘则使用较厚重织锦。近年长沙马王堆出土西汉大彩俑和丝织品袍服实物，材料之细薄，刺绣之精美，都达到极高的水平。剪裁制度和楚墓彩俑还十分相近"❶。从其特点来看，袍的缠绕是将前襟向后身围裹，反映了当时人们设计思想的灵活巧妙，即采取横线与斜线的空间互补，获得静中有动和动中有静的装饰效果。衣边再饰云纹图案，即"衣作绣，锦为缘"，将实用与审美巧妙地结合，充分体现了设计的科学性和合理性。

禅衣是单层的薄长袍，其质料为布帛或薄丝绸，为汉代妇女常服。《释名·释衣服》："禅衣，言无里也"，《急就篇》："禅衣似深衣而褒大，亦以其无里，故呼为禅衣"。深衣在材质、颜色、升数、形制上均有严格规定，禅衣是类似深衣但是形制不如深衣严格的长型衣。禅衣的样式为交领，胡形袖（袖身弧状、袖口收小），曲裾（即衣襟两侧加上斜裁长三角形的衽、呈A字线条）无内里，衣长至足背，具体形制如图1-16所示。

图1-16　着禅衣人俑形象

（图片来源：《山东临沂金雀山九座汉代墓葬》）

❶ 沈从文. 沈从文全集：第32卷·物质文化史[M]. 太原：北岳文艺出版社，2009：45.

襜褕是一种比禅衣更宽的长袍，多用厚丝绸或毛织物织成，可夹毛皮装饰，春秋两季多用来御寒保暖。它的特点是衣裳相连，为直裾。图1-17马王堆出土的高冠木俑着装，出土的其他彩绘木俑，多数穿直裾袍，只有一个穿曲裾袍。如图1-18所示印花纱襜褕以印花敷彩绛红纱为面，以素纱为缘，衣面图案有枝叶、花蕾、花穗等。枝叶由版印制，即所谓"印花"，其他图案用手工描绘，即"敷彩"。

袍式长者曳地，短者及踝，袍裾沿边均镶锦缘。近年湖北江陵、湖南长沙等地出土的大量战国、西汉服装中，多采用轻薄柔软的纱、罗、绢等料制成，几乎每件衣服上都镶有花缘。最初衣服镶边只是起加固作用，使衣服结实、耐用。特别是领、袖、襟、裾等部位，更易磨损，衣襟皆用带系结，称"结缨"。这种结缨方式常使衣服损

图1-17　高冠木俑着装图

（图片来源：《中国考古文物之美·辉煌不朽汉珍宝（8）：湖南长沙马王堆西汉墓》）

坏，因而必须用比较厚实的料子（如织锦）镶边，以增强拉力。因此不难看出，这些薄如蝉翼、轻如烟雾的纱衣，若无缘边，将何以为衣。如图1-19所示茶黄罗绮绵袍由1972年长沙马王堆一号汉墓出土，丝绵袍用黄色印花敷彩

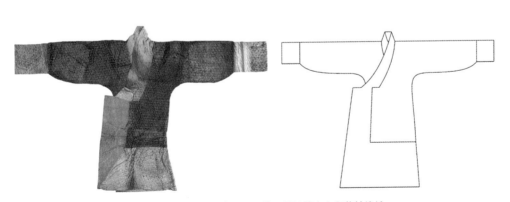

图1-18　湖南省长沙市马王堆一号汉墓出土印花纱襜褕

（图片来源：《中国织绣服饰全集：织染卷》，笔者绘制）

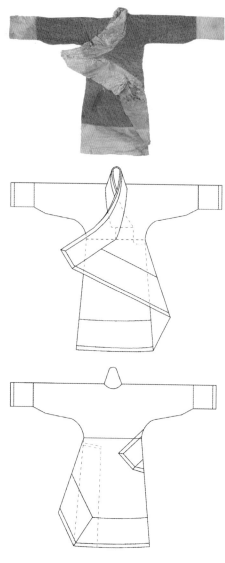

图1-19 茶黄罗绮绵袍及正反面线描图

（图片来源：《中国考古文物之美·辉煌不朽汉珍宝（8）：
湖南长沙马王堆西汉墓》，笔者绘制）

纱作面料，黄绢作缘边和衬里，内填充丝绵絮。衣形为交领、右衽、直裾式，由上衣下裳两部分组成，领口挖成琵琶形，袖筒肥大，下裳底缘作等腰梯形。

从汉代出土的实物尺寸及文献的记载来看，长袖是汉代服装一个极为重要的特征。汉代贵族、富裕之家多穿长袖上衣，百姓在从事农业生产和手工业制造时，长袖衣不便于劳作，所以只在喜庆宴会等社交场合中穿着长袖衣。马王堆汉墓出土的服装实物，衣袖皆极长，两袖通常超过衣长许多，由表1-4可以清楚地看出汉代袍服衣长与袖长的比例。袍服的衣长为130～150厘米，而袖长却达到230～250厘米，几乎是衣长的两倍了。从这一时期的画石像中也有关于长袖的形象，袖边、领边及下摆的装饰在画石像中都有详细的刻画，下摆缘边呈梯形，缘边起到拼接的作用（图1-20）。从表1-4的缘边尺寸可以看出，这一时期的缘边非常之宽，也是受到当时面料幅宽的限制。

图1-20　汉画石像中着长袖袍形象

（图片来源：《冕服服章之研究》,《中国纹样全集：战国·秦·汉卷》）

表1-4　湖南省长沙市马王堆一号汉墓出土袍尺寸

单位：厘米

| 名称 | 衣长 | 袖通长 | 袖宽 | 袖口宽 | 下摆宽 | 领缘宽 | 袖缘宽 | 摆缘宽 |
|------|------|--------|------|--------|--------|--------|--------|--------|
| 朱红罗绮绵袍 | 140 | 245 | 36 | 25 | 58 | 21 | 35 | 29 |
| 褐罗绮绵袍 | 140 | 238 | 39 | 24 | 80 | 20 | 30 | 28 |
| 白罗绮绵袍 | 136 | 240 | 30 | 24 | 66 | 20 | 30 | 28 |
| 信期绣褐罗绮绵袍 | 150 | 250 | 37 | 28 | 67 | 18+5 | 28+5 | 23+5 |
| 信期绣茶黄罗绮绵袍 | 155 | 243 | 35 | 27 | 70 | 28 | 30 | 28 |
| 长寿绣绛紫绢绵袍 | 130 | 232 | 30 | 24 | 66 | 15+5 | 20+6 | 24+6 |
| 信期绣绛紫罗绮夹袍 | 162 | 235 | 30 | 23 | 60 | 20 | 27 | 20 |
| 印花敷彩黄纱绵袍 | 130 | 250 | 39 | 25 | 51 | 20 | 44 | 37 |
| 印花敷彩绛红纱绵袍 | 130 | 236 | 41 | 30 | 48 | 18 | 29 | 38 |

出土的12件袍服中，曲裾的有9件，直裾的有3件。这时一个重要特色是缘边斜裁，图1-19的领缘是用四片拼成，外襟下侧和底边的缘饰分别用三片拼合而成，另外还有宽5厘米左右的窄绢条，是从袍里的边缘外翻出来的。图1-18的袖缘，"用半幅宽的白纱直条，按螺旋方式斜卷成筒状，再由中间折为里面两层，因而袖口无缝" ❶。大量斜裁拼接技术的运用，在面料性能的结构技术上达到了之后各朝都不能企及的巅峰。

短衣类服装分为内衣和外衣，内衣的代表是衫，外衣的代表是襦和袭。

汉刘熙《释名·释衣服》记载："衫，芟也，衫末无袖端，有里曰复，无里曰单"。衫贴身穿，不宜厚，因此为单衣，而缚是夹内衣。可见衫是袖口没有袖端（绲边）、敞口的上衣，有单衫与夹衫两种。汉代的衫为交领（方领、曲领），内穿时在腋下以系带固定。

襦是一种长及膝上的棉夹衣，作用主要在于保暖，可分为夹襦与绵襦两种，汉高祖是楚人，爱好楚服，楚服多短制，因此，襦变成贵族子弟中时髦的穿着。《汉书·叙传》说："奉车都尉……与王、许子弟为群，在于绮襦纨裤之间，非其好也"。绮襦是以白色细绫作襦，纨裤是以纨作裤。因为襦的下摆刚好长及膝盖，所以下面必须穿着裤子。袭是没有着棉絮的短上衣，是受北方游牧民族利于骑射的短服影响的一种边塞常服。

缘衣为秦汉时期的一种妇女上衣。缘衣与褂袍的造型特点类似，为直襟、大襟两种，衣长到脚面或膝部。在衣领、衣袖及衣襟上镶有装饰边缘，因此称之为"缘衣"。缘衣又有"单缘袍"和"重缘袍"之分，单缘袍即在领、袖、襟及裾处镶单色缘边，而重缘袍则是在领、袖、襟及裾处镶双色缘边。这种服装在当时较为流行，很受妇女们喜爱。

图1-21为汉代的"三重衣"，是将款式非常相近的外衣、中衣和内衣套穿，三件衣服的领子和袖子同时显露在外，服装领袖部分的缘饰在多层次的搭配中，增强了装饰效果。图1-22的汉代陶俑是原华西协和大学博物馆（今四川大学博物馆）的收藏品，其中男女陶俑的服装款式也是"三重衣"的效果。

---

❶ 湖南省博物馆，中国科学院考古研究所．长沙马王堆一号汉墓[M]．北京：文物出版社，1973：67．

图1-21  西汉人物雕塑及领、袖细节图
（图片来源：纽约亚洲协会博物馆藏）

图1-22  汉代陶俑
（图片来源：《华西协和大学博物馆图录》）

汉代女乐伎人的服饰极尽华美，其奢侈与贵重，甚至可与帝王后妃相媲美，贾谊《新书·孽产子》记载："白縠之表，薄纨之里，缝以偏诸，美者黼绣，是古者天子之服也……今富人大贾屋壁得为帝服，贾妇优倡下贱产子得为后饰"❶。乐舞伎人在日常生活中穿着白绸衣面、薄绸衣里、缝满花边的服饰，有些华美的服饰还用斧纹绣边；她们脚上穿的是丝织的鞋子，还有精致的绣边，这种皇后用来装饰衣领的缘边刺绣，却被下层阶级的人却用来装饰鞋子，足见其物质的丰富与生活的讲究。

### 3. 缘饰材料

马王堆出土的锦以绒圈锦和纹锦为主。锦是汉代丝织品中最高级的织物（表1-5）。出土的衣物中，15件用锦的完全衣物，有12件是用起毛锦作缘，这种锦，绒圈大小交替，纹样具有立体效果，外观华丽。图案纹样由不同形状的几何纹组成（图1-23、图1-24）。

---

❶ 贾谊. 新书[M]. 北京：中华书局，2012：14.

表1-5　马王堆汉墓出土缘饰材质统计

| 缘饰材料 | 类别 | 工艺构造 | 图案 | 运用部位 | 色彩 |
|---|---|---|---|---|---|
| 锦 | 绒圈锦（起毛锦） | 三枚经线提花并起绒圈的经四重组织，多色经丝单色纬丝交织而成 | 矩纹锦、几何形 | 出土的15件用锦衣中12件是起毛锦，用于绵袍领、袖缘边 | 红青、绛、绀 |
| | 纹锦 | 二根或三根经丝交织而成 | 花卉纹、水波纹 | 绣枕两侧边缘 | 褪色不确定 |
| 纱 | 纱 | 经纬丝加拈，密度稀疏呈方孔的平纹组织 | 无图案 | 用于绵袍的领缘 | 藕荷 |
| 绢 | 细绢 | 平纹丝织物 | 无图案 | 用于绵袍（夹袍）枕巾、夹袆的缘边 | 白 |
| 绦 | 千金绦 | 丝织 | 千金二字 | 用于手套的贴毛锦边 | 绛红、白 |
| | 繻缓绦 | 丝织 | 几何形 | 信期绣罗绮绵袍衣面与缘接处加繻缓绦饰 | 黑、绛红 |

图1-23　起毛锦纹样（局部）

（图片来源：《中国考古文物之美·辉煌不朽汉珍宝（8）：湖南长沙马王堆西汉墓》）

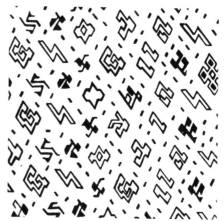

图1-24　起毛锦纹样线描图

（图片来源：《长沙马王堆一号汉墓》）

　　新疆洛浦县山普拉墓出土的一段毛罗衣袖，袖口镶红色斜编绦，此衣袖是将整幅面料对折，把多余部分缝入袖里，没有多余剪裁（图1-25）。

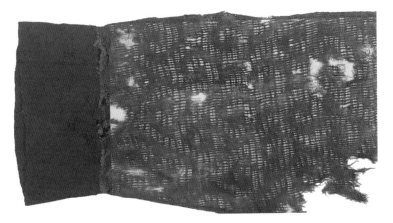

图1-25　汉代褐色毛罗衣袖

（图片来源：《中国织绣服饰全集：织染卷》）

## （三）魏晋南北朝时期服饰与缘饰

### 1. 社会背景及风尚

　　魏晋南北朝作为过渡阶段，在汉朝和唐朝两个朝代中间，维持了将近四百年。魏晋南北朝，是在汉朝灭亡以后相继建立起来的一系列政权的总和，这些政权大多数都很短暂。魏晋南北朝期间政权更替频繁，曾短暂统一，随着北方游牧民族入主中原，新建起来的魏晋不足以控制整个局面，战乱纷扰，政局摇摆不定、社会动荡不安、民族矛盾重重，呈现南北对峙的局面。南北朝并不是指两个朝代，而是指一种并立的政治局面。

　　总体来看，北朝的游牧民族政权居多，而南朝大多数是由魏晋时期躲避战乱向南迁徙的汉人建立起来的政权。史书上有个词叫作"衣冠南渡"，就是指的这个阶段。南渡指向南迁徙，这个迁徙的意义非常重大，它代表着之前的中原文明由最早发源的黄河流域开始向长江流域转移。在秦汉时期，长江以南的广大地区都被看作是文明未开化的地方。但随着北方国土的沦陷，受到长期战争、饥荒、疾病、天灾的影响，北方的人民背井离乡，向南迁移，和南方人一起生活。起初的时候，矛盾是很尖锐的，但随着时间的推演和几代的传承，隔阂慢慢被淡化，文化最终融合在一起。

　　而此时，在北方建立起来的那些游牧民族政权，虽然占领了之前中原王朝的地盘，但在文化上却逐渐被汉文化所同化，汉文化影响并改造了胡人的文化与政体，初建政权时，胡人仍按其习俗穿着，后来也采用汉族的典章制度，生产技术、生活方式等都受到汉文化的影响。其中，最著名的要算北魏孝文帝的汉化改革。这种改革是自上而下的，比如，皇族本来姓拓跋，但孝文帝要求统一改成元朝的"元"字，代表最初、最大的意思；孝文帝还在国都之内建立起像汉朝那样的宗庙，并尊奉儒家思想为国教，主动向汉文化靠拢。

　　一方面，北方军阀混战，经济衰退，北朝君王励精图治、奖励农桑，经济已有起色。另一方面，由于大量的百姓南渡，将先进的生产技术带到南方，使南方的经济发展迅速。"商业买卖鼎盛，不单与海外有贸易往来，京都地方上也是如此。富裕的经济条件造成南方社会日后风俗渐趋奢侈"❶。政治的对立并没有切断南北方文化的交流。几次大迁徙后，北方胡人入居中原，与汉族居住在一起，把他们的生活方式以及尚武的民族文化带入汉族地区，原先以畜牧为主的胡人，将大批的牛羊马匹、毛皮和畜产带入中原，其饮食烹调方法、服装、起居用具、音乐舞蹈也随之传入，充满生气，给受礼教束缚而显得僵硬的汉文化带来了新气象；受连年战乱的影响使佛教大为盛行。虽然南北朝是在两条平行轨道上发展，并且整个魏晋南北朝期间到处都充满了战乱，但由于这种民族和地域的大迁徙、大融合，促进了新的汉民族的形成。这种新的民族认同，比传统的中原文明具有更大的包容性，在隋唐统一中国以后被慢慢延续下来。

　　因为门第和依托于门第的人才选拔制度，魏晋南北朝时期社会上层固化，寒门出身的人在政府中上升空间有限，所以知识分子不再把仕途作为唯一追求，转而追求文学、美学、哲学，以及生活享乐，并且创造出了新的文化和文学风格，构成了所谓"魏晋风度"，这也是这个时代最显著的特征。

　　南北朝时期的服饰，则出现各民族间相互吸收、逐渐融合的趋势。一方面，一些少数民族提倡穿汉服；另一方面，鲜卑族服装紧身短小，下穿连裆

❶ 魏晋南北朝的分裂与整合，蔡学海[J]. 历史月刊，1989：55-67.

裤，便于活动，在中原广泛流行，传统的深衣形制逐渐消失。这一时期的服饰主要有两种形式：一为汉族服式，承袭秦汉遗制；一为少数民族服饰，承袭北方习俗。

魏晋时期出现了一种更为舒适的服装——衫，来取代袍，袍的衣领多为交领、双层且厚重，袖口窄小呈圆弧状。照汉代习俗，凡称为袍的，袖端应当收敛，并有祛口。

北魏洛阳永宁寺出土的世俗服装立像下摆残块有16块，是袍服的下摆部位，多数衣褶宽且疏朗，衣摆下端都有一道缘边，根据缘边形式可分为两种：一种是缘边平展无褶，缘边宽4～5厘米，有的加彩绘纹饰装饰，纹饰装饰以花卉题材为主（图1-26）。一种是缘边呈密褶状，缘边宽8～9厘米（图1-27）。

衫的款式以直襟为主，衣为轻薄的单层，袖身宽大呈垂直型，衫则省去收敛的袖口（称为"祛"），袖端、袖口宽敞。衫相比袍来说穿着更为舒适随意：可以用带子绑起，使两边的直襟相连，也可不系带子，使其自然敞开。"在江苏南京西善桥出土的竹林七贤的砖印壁画中，八位士人均穿着衫衣，有的还袒露胸部"[1]。由于衫不受衣、祛等约束，魏晋服装日趋宽博，成为风俗，并一直影响到南北朝服饰，上自王公贵族，下及黎庶百姓，都以宽衫大袖，褒衣博带为尚。图1-28杨机墓出土男俑上着宽袖齐膝长袍、外着裲裆腰间有一系带，下着缚裤。这一时期缘边依旧比较宽，尤其在领部与腰部的运用，起到固定衣服造型与轮廓的作用（图1-28、图1-29）。

### 2. 女子服饰

南北朝是汉族统治的封建政权，大体上仍承袭秦汉服制。《晋书·五行志》记载："泰始初，衣服上俭下丰，着衣者皆厌腰尽裙"[2]。可见其服装式样为上短下宽。宽大的裙裾式服装是主流的汉族衣装，南方相对温暖的气候也适宜宽衣的存在，加上玄学风气的影响，人们追求自由奔放，自然飘逸，使得这一时期的衣着日渐宽大。妇女日常穿着为襦衫及杂裾双裙。衣着款式与色彩

❶ 周汛，高春明. 中国古代服饰大观[M]. 重庆：重庆出版社，1994：281.
❷ 房玄龄. 晋书[M]. 北京：中华书局，1974：11.

图1-26 世俗服装立像1
（图片来源：《北魏洛阳永宁寺》）

图1-27 世俗服装立像2
（图片来源：《北魏洛阳永宁寺》）

图1-28 杨机墓出土男女俑
（图片来源：《秀骨清像：北魏
杨机墓出土文物赏介》）

图1-29 彩绘女侍吏俑
（图片来源：加拿大皇家安大略博物馆藏）

丰富，装饰日益讲究。图1-30山西大同石家寨北魏司马金龙墓出土的屏风漆画人物着装形象与图1-31《洛神赋图》服饰的形式和飞舞的带饰有相似之处，是魏晋特有的杂裾垂髾服（图1-32）。图1-33是甘肃省高台县骆驼城魏晋壁画墓出土的宴饮图，画面中女子头梳高髻，上着交领衫，下着间色裙，领缘与袖缘用红色来区分。

　　由于胡族在中原地区建立政权及民族文化融合的加强，富有游牧民族文化特色的服饰大量涌入中原地区，胡服对汉族的影响日趋加深，使北方服饰明显呈现出胡化的倾向。如北朝流行裤褶，《释名》曰："袴，跨也。两股各跨别也"。《急就篇》称："褶，重衣之最，在上者也，其形若袍，短身而广袖，一曰左衽之袍也"。左衽为胡族的衣服款式，可知裤褶即为胡服。裤是裤子，褶为上衣，就是上衣下裤，不同于南朝的上衣下裙，袴褶是北朝百姓的常服和便服。魏晋时期一反儒家严谨的服饰风格，崇尚宽衣，追求身体的解放。这与当时胡风与服用仙药的影响有关，也与人们重视身体感受与解放欲望的思想相符，魏晋士人因政治迫害、时局动荡的缘故，对仕途产生不安而关注如何安身立命，反对虚伪矫饰的礼教教条，主张放任或逍遥自在。"表现在诸多不合礼

图1-30　山西大同石家寨北魏司马金龙
墓出土人物漆屏

（图片来源：《中国纹样全集：战国·秦·汉卷》）

图1-31　顾恺之《洛神赋图》局部

（图片来源：《中国纹样全集：战国·秦·汉卷》）

图1-32　杂裾垂髾服饰线描图

（图片来源：《中国纹样全集：战国·秦·汉卷》，笔者绘制）

图1-33　魏晋壁画墓出土宴饮图（局部）

（图片来源：《中国出土壁画全集》）

法的行为，例如：终日酣醉、逾越男女分际等"❶。

　　这一时期出土实物较少，一件扎染工艺的绢衣，如图1-34所示，此件衣服呈褐色，交领，袖子为喇叭形的大袖。面料是平纹绢，用绞缬的工艺染出黄色小点纹。绞缬又称扎染，在北朝开始流行，保存如此完整的北朝女服尚不多见。

❶ 世族子弟的荒淫怪诞，《世说新语》的《任诞篇》《简傲篇》《轻诋篇》诸多记载。苏绍兴. 两晋南朝的士族[M]. 台北：联经出版事业公司，1987：28-29.

图1-34　绞缬绢衣

（图片来源：中国丝绸博物馆藏）

## （四）唐代服饰与缘饰

在隋唐建立之前的，贵族政治是当时中国的主要基调，贵族对于权力的垄断要追溯到汉朝。汉武帝推行了"罢黜百家，独尊儒术"，汉朝政府需要懂得并且认可这门新学问的人来协助治理国家，官员的选拔一般采用察举制：地方长官考察和选取人才，然后向上推荐。这种察举往往只看门第出身，因此早期选拔的官员大多是通晓儒家经典的人，而他们对这种儒家思想的理解和掌握往往只通过家传，这便是最早的贵族。这些由少数身份显赫的人掌握权力的政权组织形式，往往是以血缘关系为依托，采取世袭制。权力始终在贵族体系内流转，普通人是没有上升通道的。在魏晋南北朝时期，贵族政治越演越烈，会出现割据和分裂，就是因为贵族把持着地方政权。贵族们"父传子、子传孙"的世袭体系，让他们在地方形成了根深蒂固的庞大网络，最终形成地方割据的局面。

唐代之所以兴盛，与贵族政治逐渐向官僚政治转变密不可分。由于地方贵族对权力的垄断，隋文帝杨坚在掌权以后，想彻底斩断地方的权力网络，逐渐改变了用人的标准，开始推行科举制。科举制出题的标准和阅卷的权力都在中央，相当于把地方察举官员的权力上收，也变相把地方贵族的权力网络切断了。

在隋朝灭亡以后，唐朝继承并且发展了这种科举制，并把它作为选拔官员的一种主流制度。在中央层面，专业化的官僚阶层通过科举制建立了起来，官僚政治代表了一种更理性、更有规则的组织形式，是由经过任命产生的官员组成的机构来治理国家，不仅提高了官员的行政水平，也为普通人开辟了一条新的上升通道，稳定了社会各个阶层，唐朝也借此完成了从贵族政治向官僚政治的转换，中央集权得到了巩固，可以在全国范围内统一调动资源、统一开展行动，慢慢走向了强盛。

唐代统一后，社会渐趋稳定，国内出现安定局面，唐太宗针对因战乱和灾荒造成的人口锐减、经济凋敝等状况，开始实施轻徭薄赋政策，大力推行均田制和租庸调制，经过前期一百余年的休养生息，到开元、天宝年间，进入太平盛世，国家富强，人们生活富裕，朝廷才有财力在全国各地普设机构，例如，置州、县学，扩建国子监，培养大批人才[1]；诸州遍置水陆驿站，唐人公私出行方便，视野开阔。唐代之所以全面繁荣，人们文化素质普遍较高，各种活动蓬勃发展，都与唐帝国充裕的物质基础有关。在对外开放与商业贸易上，主要从陆路和海路进行，陆路以长安为中心，海路以广州为中心。造船业和航海技术的发展，使唐代远洋航行有了长足进步，如林邑（今越南中部）、真腊（今柬埔寨）、骠国（今缅甸）等国与唐朝皆有通好关系[2]。长安在当时不仅是唐代政治、经济、文化的中心，更是一个国际性的大都市，吸引各国商人及边境民族前来，他们"殖赀产，开第舍，市肆美利皆归之"[3]。唐朝在港口还专门设有接待外商的地方，对外商货物"任其来往流通，自为交易，不得重加率税"[4]。每年还有大批的外使、僧侣、留学生前来唐朝境内学习、生活和游览，间接影响了唐代的风气和娱乐。经济繁荣带来的国富民强，使得统治者充满自豪和自信。这种心态反映在内外政策上，表现出前所未有的宽怀和开放态度。

唐政府采取兼容的政策，由于政治与文化的因素，其艺术发展较其他时期具有独特的表现，无论是器物、壁画、石刻画与织品等，不仅题材丰富，更

---

❶ 李斌城. 唐代文化[M]. 北京：中国社会科学出版社，2002：104.
❷ 郑显文. 唐代律令制研究[M]. 北京：北京大学出版社，2004：234.
❸ 司马光. 资治通鉴[M]. 北京：中华书局，2012：201.
❹ 董诰，等. 全唐文[M]. 上海：上海古籍出版社，1990：342.

展现华丽的造型风格，特别是在装饰美术上尤为可观。唐代风格的装饰，具有线条优美、构图繁复、气势宏伟、色彩华丽等特点，又经过了民族文化的大融合，大量西域文化的影响，展现出一种综合传统与西域风格的新美术造型。所以，唐朝展现的是一种多元的文化特质，其艺术造型与风格格外妍丽，对于后世影响也较为深远，当时许多外来的装饰要素在传入中国之后，无形中又逐渐汇为艺术文化的巨流，并注入了新内涵。服饰上表现为汉族的服饰制度被重新遵行，服饰发展无论质料还是样式，都呈现出空前绚烂的景象。由于多元民族文化相互交流及统治阶级内部成员少数民族贵族比例增加，许多民族服装特点被吸取接纳，形成着装多元的变化。唐代服饰经过历代的相承、变革、创新、演变，不断吸取其他民族的形式加以充实、更新，使其服饰达到一个前所未有的程度。这个阶段是中国古代服饰的发展兴盛时期，随着经济强势发展，各种服饰也呈现出空前繁荣的景象。由于唐代政局稳定，其服饰呈现出繁而不乱、井然有序的特点。在服饰制度的完善方面，大大超过了以往各朝代。

## 2. 服饰分类及主要造型特征

（1）男子服装：唐代男子服饰中，袍衫是最典型的穿着。

①袍：依据《旧唐书·舆服志》记载，唐代从帝王至士庶，常服均可用袍，以颜色、图案、质料等来区别等级。唐代的袍有夹里与夹绵两种，其形制为圆领、对襟与盘领、直襟两类形貌。所谓圆领、对襟是以鲜卑小袖袍为基础形貌，袖口及衣襟镶、绲宽边，或不做镶、绲边亦可。汉、唐男子均着袍，但承袭的服装系统却不同，汉代袍衫与周秦时代中原人士所采用的服饰制度一脉相承，唐代袍衫则与北齐、北周等具有胡服因素的系统有较明显的关联。汉代男子平时所服襜褕（直裾袍衫）为交领，唐代男子袍衫衣领多为圆领或翻领，这种情形可由唐代墓葬出土的大量陶俑穿着得到验证。其次，汉唐袍衫的袖型也有差异，汉代男子袍衫衣袖宽大，袖端有收敛的祛口，隋唐的袍衫则没有。图1-35为

图1-35　着袍衫的门吏形象
（图片来源:《中国出土壁画全集》）

陕西礼泉县烟霞镇陵光村韦贵妃墓出土的壁画局部，图中是一位门吏形象的男子，上身着圆领襦衫，外面套有交衽阔袖的长衫，袖边及衣领处饰有紫色锦边。

唐代官服也采用袍制，承袭了过去深衣的传统形式，领座、袖口、衣裾缘边加贴边，《旧唐书》卷四十九："谒者台大夫以下，高山冠。并绛纱单衣，白纱内单，皂领、褾、襈、裾，白练裙、襦，绛蔽膝" ❶。其中 "皂领、褾、襈、裾" 说的是内单的衣领、袖口、下摆以皂缘边。官吏燕居多着衫，领口圆形，衣袖分直袖式与宽袖式，便于活动。宽袖大裾可表现潇洒的气质。《新唐书·车服志》："中书令马周上议：'《礼》无服衫之文，三代之制有深衣。请加襕、袖、褾、襈为士人上服'" ❷。马周这番陈述主要由于袍衫源自胡服，全面恢复古制不太现实，为了符合古代深衣的形制，便建议在袍衫上加襕（袍下横襕，与袍服颜色一致）、褾（衣袖上的缘边，通常与袍服颜色不同）、襈（衣襟侧边上的缘边，通常与袍服颜色不同）。《旧唐书·舆服志》记载："晋公宇文护始命袍加下襕" ❷。袍衫融合了古代深衣的元素，降低了袍衫的胡服因素，且区分了胡、汉与官、民。由此可见，缘饰还是汉族正统服装的代表元素之一。

图1-36 交领宽袖长袍文官俑及细节图
（图片来源：《唐节愍太子墓发掘极报》）

图1-36与图1-37均为交领，其中图1-36宽袖长袍文官俑的袖边和袍下摆的缘边非常有特色，类似今天荷叶边的设计。出土的彩绘文官陶俑都属于宽袖袍衫，领、袖均有与服色不同的宽缘边，其中缘边还有图案装饰，非常引人注目。受到胡服影响，唐代文官俑与三彩贴金文官俑前襟部分有假襦的运用，并沿缘边处进行镶边处理（图1-38、图1-39）。图1-39为1972年陕西省礼泉县郑仁泰墓出土。此俑头戴进德冠，上身

❶ 刘昫. 旧唐书[M]. 北京：中华书局，1975.
❷ 欧阳修，宋祁. 新唐书[M]. 北京：中华书局，1975：527.

图1-37 出土文官俑

（图片来源：《芝加哥艺术博物馆藏》）

图1-38 唐代文官俑

（图片来源：美国亚洲协会博物馆藏）

图1-39 陕西礼泉郑仁泰墓出土人俑

（图片来源：中国历史博物馆藏）

穿红色阔袖短袍，领、袖与下襟均饰织锦花边，外罩裆，下着白色裳，足蹬黑色如意云头履。

　　传统袖式宽大的汉服不利于游牧生活，也无法抵御北方的寒冷，于是北朝窄袖合体的袍衫继续沿用，且经过民族融合，结合胡汉服装产生一种新的服饰，且不分阶级可以通用，其特征是圆领或翻领，袖窄而无过多缘饰装饰。

　　②圆领：图1-40和图1-41是唐代段简墓壁画局部和开元二年戴令言墓出土人俑，两者都是圆领造型，前者是小浅领造型，后者是具有一定厚度的小立领造型。

　　③翻领：隋唐时期的服装领型受到胡服的影响，除交领、圆领之外，还有翻领，有单翻领和对翻领。领口等部位加施镶拼绫锦或金彩纹绘及刺绣工艺，效果华美富丽。图1-42与图1-43分别是着翻领和单盘领胡服的出土人俑及衣领闭合状态下的服装示意图。

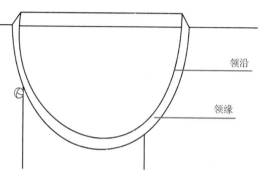

图1-40  段简墓壁画局部及衣领线描图

（图片来源：陕西昭陵博物馆藏，笔者绘制）

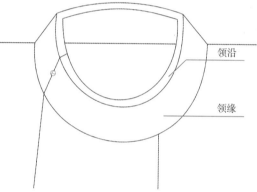

图1-41  戴令言墓出土人俑及衣领线描图

（图片来源：《中国古代雕塑述要》，笔者绘制）

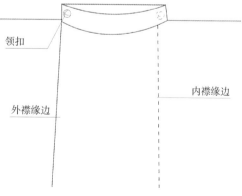

图1-42  着翻领窄袖袍陶俑形象及衣领闭合状态线描图

（图片来源：《中国西域民族服饰研究》，笔者绘制）

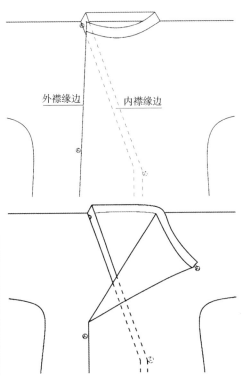

外襟缘边　　内襟缘边

图1-43　胡服的单盘领及闭合状态线描图

（图片来源：《中国西域民族服饰研究》，笔者绘制）

（2）女子装束：以襦、半臂、衫、帔子为主，下身则穿裙子。

①襦：这个时期妇女普遍穿着的上衣，一般以绫罗为材质。合体、袖口较窄，紧裹于臂，由李寿、新城长公主及李爽等墓壁画中的侍女们服饰，非常明显地看出衫、襦衣身的形貌，都是十分合身，袖管也是紧贴手臂，明显地受到鲜卑族审美的影响。

唐代袖子部分比较有特色的是荷叶边袖。图1-44是台湾历史博物馆收藏的北魏彩绘舞女俑着广袖衫，臂间缘饰位置加荷叶边，外穿对襟半臂，下着裙。龙门宾阳洞浮雕北魏文昭皇后礼佛图中也有类似的袖缘出现，可以看出荷叶边袖是由单个造型围成一圈组成缘边装饰，如线描图所示。在王建墓也有类似的形象出现（图1-45），可见在当时比较盛行。

②衫：又称"半衣"，是一种短小的单衣，长度较普通衣衫短，通常夏天穿着。一般的衫材质为麻布，而上好的衫、襦则用丝绸类织品来制作，襦

常以金、银或彩线绣出各式花朵图案，所以唐诗中以"薄罗衫子金泥缝""连枝花样绣罗襦"的诗句来形容唐代妇女衫、襦的精美程度。衫有显著的特点，就是采用对襟。初唐以前，大襟衣领是相交系带；盛唐流行衣领绕颈后，不须交叠，直接垂直而下，颈胸部大部分坦露于外。中原地区贵族仕女喜着质料薄轻的丝薄单衣，周昉的著名画作《簪花仕女图》中几位仕女衣衫着薄纱大袖衫，相当婀娜摇曳。受胡服影响，也有大翻领的设计，前胸处围裹，类似对襟，利用腰带来固定（图1-46）。

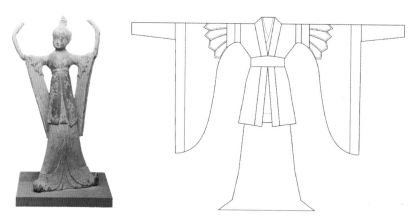

图1-44　北魏着荷叶边袖边彩绘女俑及线描图

（图片来源：《中国陶瓷》）

图1-45　王建墓石刻线描图

（图片来源：《仰观集》）

图1-46　唐代仕女陶瓷像

（图片来源：美国福瑞尔博物馆藏）

③襦：所谓"襦"就是短衣，大约短至腰际，也称"短襦"，唐宋以来男女皆可穿着。襦的领口时有变化，盛唐时多袒领，为宫廷嫔妃、歌舞伎者所喜爱，后在仕宦贵妇中流行。唐五代时期襦的制作材料比较丰富，装饰十分讲究，样式变化多。隋唐以后采用对襟（因为袒领），衣襟敞开不用纽扣下束于裙内。襦袖则以窄式居多，这是受胡风影响，盛唐以后胡风影响减弱，袖子渐渐放宽，虽然唐文宗曾下令规定袖子宽度，但效果不彰。五代时期较晚唐的宽衣大袖更为窄细合体。弹琴乐伎图，是陕西礼泉县烟霞针陵光村韦贵妃墓（667年）出土，人物着高领宽袖袍，外套交衽半臂，腰系红裙（图1-47）；另一幅舞蹈乐伎图也是同一墓穴出土，人物身着白色圆领短袖襦，外套红色宽袖袍，深绿色交衽半臂，腰着赭色裙（图1-48）。

④半臂：一种短袖上衣，多用厚实的彩锦制成，样式多采用对襟，衣长至腰。《旧唐书·舆服志》卷四十九记载："公服者，常供奉之服也……半袖裙襦者，东宫女史常供奉之服也。公主、王妃佩、绶同诸王"❶。半袖原是宫中内官女史供奉之服，后渐渐流行于民间。成为一种常服。魏晋南北朝时期，妇女穿半臂者不多，直到隋代以后，才重新出现。《事物纪原》卷三引《实

图1-47 弹琴乐伎图
（图片来源：《中国出土壁画全集》）

图1-48 舞蹈乐伎图
（图片来源：《中国出土壁画全集》）

❶ 刘昫. 旧唐书[M]. 北京：中华书局，1975.

录》："隋大业中，内官多服半臂，除即（却）长袖也。唐高祖灭其袖，谓之半臂"。初唐时受北朝胡服风俗影响，妇女服装大多衣身合体及袖子窄细，适合于外面套上袖口较大的半臂，半臂的穿着在唐初具有普遍性。

在新疆吐鲁番阿斯塔那206号高昌墓出土的女俑，就是穿团窠对禽纹锦半臂，1972年出土于新疆吐鲁番阿斯塔那张礼臣（655—702）墓的仕女帛画半臂形象与新疆拜城克孜尔205石窟龟兹王后供养人壁画所穿半臂（图1-49、图1-50），分别代表西域的两种形式：前一种半臂袖口平齐，衣料图案、颜色富有地域性特色；后一种半臂的袖型呈喇叭状，袖口处饰有褶裥、花边，这种半臂则是造型特别。盛唐时，制作材质及纹样装饰都有了长足发展，领、袖等衣服结构部位是装饰的重点，施加镶拼绫锦、运用金彩纹绘或刺绣工艺，来加强半臂装饰效果。在8世纪初敦煌石窟、永泰公主墓、懿德太子墓、章怀太子墓、燕妃墓等地的壁画中，普遍可见半袖穿套在窄袖低胸的襦衫外的女子形象。图1-51和图1-52也是这种造型，边缘有较宽的各种图案装饰。如燕妃墓壁画中吹箫女子所着半臂上为宝相花纹。

图1-49 张礼臣墓的仕女帛画半臂形象　　图1-50 龟兹王后供养人壁画所穿半臂

（图片来源：《中国织绣服饰全集：历代服饰卷》）

图1-51　薛儆墓石刻线画　　　　　　　　　图1-52　燕妃墓壁画
（图片来源:《中国西域民族服饰研究》）　　　　（图片来源:《中国出土壁画全集》）

　　陕西干县唐永泰公主墓墓道、甬道及墓室四壁所画妇女形象，她们的身上，就穿有半臂，且与襦裙相配。裁制半臂的材料，古时多用织锦。因织锦质地厚实，可产生御寒的作用。《新唐书·地理志》中记载的扬州土贡物产中便有"半臂锦"一物，即专供制作半臂之用。还有一种西域出产的"蛮锦"，也是制作半臂的上好材料。除了女性之外，男子也喜着，《旧唐书·列传》卷一百七十四:"玄宗亦赐诏嘉纳，其鸟实时皆放。又令皇甫询于益州织半臂褙子、琵琶扦拨、镂牙合子等"❶。

　　⑤帔子、帔帛:《旧唐书·波斯传》记载:"丈夫翦发，戴白皮帽，衣不开襟，并有巾帔。多用苏方青白色为之，两边缘以织成锦。妇人亦巾帔衫裙，辫发垂后"。以及"从波斯萨珊王朝银瓶人物画上，所见女装也有帔帛，与唐代帔帛形式略同"，认为帔帛源于波斯。唐代妇女使用各色各样的帔帛，帔帛的表里两层颜色可以不同，帔帛上彩绘各种花朵、图案，或用泥金装饰;帔

❶ 刘昫. 旧唐书[M]. 北京:中华书局，1975:42.

帛的使用方法是将其披在后背，绕过肩臂之间，帔帛两端自然下垂，或将帔帛两端在胸前挽个活结等。唐代衣裙款式，从初唐到盛唐在美学风貌上有一个从窄到宽的演变过程，初期与敦煌莫高窟唐代壁画人物及永泰公主墓壁画人物服饰形象相吻合。

### 3. 缘饰位置交领

中国古代传统服饰大部分是以交领形式出现的，种类繁多。四川成都永丰出土一件东汉时的持镜女俑，外加半袖，袖口有羽状饰，领子上缝有一道三角形装饰，即古代"牙条"，就是帖领之类。图1-53唐代燕妃墓壁画中有二舞姬对舞图，舞姬的红色宽袖播袖间有羽状饰，领子上另加一条剪成波浪状的领，波浪尖上还缀颗颗珍珠，更显得美观❶。

图1-54是唐代边疆少数民族人物的图像，由德国柏林印度美术馆收藏。他们头顶冠，两鬓垂发髻遮耳，上簪金凤等簪钗花钿，身着窄袖翻领长袍，领面有花纹装饰，沿袍有细细的缘饰，两臂及裙膝盖位置也有相同的细缘边

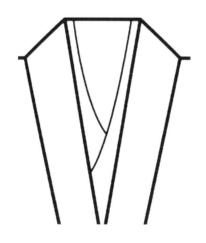

图1-53　唐代燕妃墓壁画局部、交领示意图

（图片来源：陕西昭陵博物馆藏，笔者绘制）

❶ 马大勇. 霞衣蝉带：中国女子的古典衣裙[M]. 重庆：重庆大学出版社，2011：46.

装饰。脑后垂红色中间挽花结的及地带饰。

唐王朝是在经历了魏晋南北朝数百年民族大融合的基础上建立的，建国之后，少数民族的文化习俗冲击了中原汉族的礼教观念，汉胡融合使得人们儒家的伦理观念淡薄，男尊女卑观念不强烈。加上李唐皇室本身有一部分北方少数民族血统，唐代女性穿胡服、戴胡帽的装束在唐人史料、绘画、雕塑中随处可见，例如，《新唐书·五行志》记载："天宝初，贵族及士民好为胡服胡帽，妇人则簪步摇钗，衿袖窄小"❶。《旧唐书·舆服志》记载："太常乐尚胡曲，贵人御馔尽供胡食，士女皆竟衣胡服"。

昭陵陪葬的郑仁泰墓出土胡服女俑及阿史那忠墓壁画中的侍女所穿的都是盘领直襟的袍服，它的形貌为左襟向右绕颈过前中心线，在右肩颈点的位置固定，左襟再从此处垂直向下至下摆，左片衣衫覆盖前片面积约四分之三，盘领可不扣，敞开式样变为

图1-54　回鹘王族女供养人像

（图片来源：《高昌——吐鲁番古代艺术珍品》）

图1-55　唐加彩人俑及线描图

（图片来源：陕西省历史博物馆藏，笔者绘制）

翻领。其中唐加彩人俑的袍镶有花色宽边装饰，左右开裾（图1-55）。这种缘边装饰以中心位置贯穿整件服饰，整体色调与袍服协调，却又有着强烈的存在感。

❶ 欧阳修，宋祁. 新唐书[M]. 北京：中华书局，1975：527.

造成唐朝妇女常服式样丰富的重要因素，是唐代妇女有众多的公开社交场合，以及与异性交往的自由，所以时髦美艳的服装有展示的场合与欣赏的对象；更因为胡人习俗的影响，唐代妇女喜爱骑马、打马球等户外运动，所以她们都有运动的需要，甚至女着男装，这些都是唐代妇女常服式样有多面发展的原因。妇女社会地位较中华传统社会习俗中的妇女较高，因此妇女们思想开放、作风积极、经济独立，妇女的各方面活动空间显然超越其他时代。

### 4. 缘饰材料纬锦

织造工艺在唐朝有明显的进步，不仅丝织物名物众多、产量丰富，绫织物花色多样化，生产技术也十分精湛。以绚丽的色彩和精美的图纹闻名于世，更以其特有的轻盈飘逸为世人瞩目。当时最贵重的丝织品为织锦，绚烂华美，唐王朝长期以此作为实物货币。织锦是彩线提花多重丝织品，唐代以前起花是靠经线，称为经锦，唐代前期仍沿用传统经线织法，受到西域纺织文化的影响，后期逐渐改用纬线起花，开始使用彩色纬线织出图案，称为纬锦。相对于经锦，纬锦是以纬线起花来达到纹样的要求，由于图案及色彩的变化可以经由不同的色梭在纬线上来完成，故可突破经锦织造上的限制，灵活表现繁复的色泽与大型、复杂的纹样❶。纬锦织机的构造简便、便于操作，节省人力且花色多变、清晰、色彩丰富，能充分显示花纹与丝线的光泽，中唐起，纬线显花织物成为丝绸提花织物中的主流。它吸收了波斯与中亚的织锦工艺，说明唐代与域外文化交流的频繁。如图1-56所示中国丝绸博物馆收藏的唐代黄地对鸟纹锦边饰。此织物组织为纬锦，织物上可辨认出在黄色地上的大红对鸟，其中一只完整，一只不完整，两鸟翅膀微微张开，以二二正排的方式排列。上端镶缀有两条绿色绦带。

图1-57为蓝地、土黄图案的斜纹纬锦。此锦上下两端织有平行线边，推测可供边饰之用。如图1-58所示茶色彩绘宝相花绢是新疆吐鲁番阿斯塔那北区二十号墓出土的衣边。图案的宝相花是手绘的花纹，缝缀在衣料上，色彩和谐。

---

❶ 张湘雯. 中华五千年文物集刊·织绣篇[M]. 台北: 出版社不详, 1992: 137.

图1-56　唐代黄地对鸟纹锦边饰

（图片来源：中国丝绸博物馆藏）

图1-57　蓝地对狮纹锦（局部）

（图片来源：《中国织绣服饰全集：织染卷》）

图1-58　茶色彩绘宝相花绢（局部）

（图片来源：《中国织绣服饰全集：织染卷》）

## （五）宋代服饰与缘饰

### 1. 社会背景

　　唐朝随着贵族政治向官僚政治的转换，国力慢慢强盛。但随着领土面积的扩大，唐朝内部的防御机制和经济配套措施并未跟上，为了对地方进行有效的管控以及防御游牧民族的入侵，唐朝中后期实行藩镇制，也就是设立军事化的藩镇把兵权下放，这是造成再次进入乱世的根源。它不仅直接导致了五代十国的割裂局面，也为宋朝的政治格局带来了深远的影响。

宋太祖赵匡胤执掌兵权，结束五代十国的混乱局面，一统中国，建立宋朝。之后的"杯酒释兵权"，废除几位开国功臣手中的兵权，对后来的国策产生了重大影响，也就是崇文抑武。崇文，就是崇尚文官、文化，用文人治国，中央级别的部门一般都由文官出身的人来担任；抑武，就是压抑武将，警惕武装势力的增长。崇文给当时宋朝文人阶层的发展带来了很大的利好，而另一方面，抑武的政策也给宋朝带来了很大危害。正是由于国家的这种自上而下的导向，造成了宋朝后来的军事实力下降。

北宋初年，长期以来为士族所垄断的贵族社会趋向瓦解，平民百姓便有了较大的出仕机会，从而造成阶级的流动。在此种环境下，由于不再重视家世赋予个人意义，宋朝便因阶层松动而形成了庶民阶级。由皇帝和士族、贵族共同构成社会上层的旧模式消亡，取而代之的是新的"职业文官"——士大夫阶层。宋以后的中国，就由"皇帝+士族"的模式，转变成"皇帝+士大夫"的模式。士大夫是主要通过科举产生、由皇帝任命、掌握儒学知识，并以儒学思想来治理国家的职业文官集团。不同于"士族"，这个阶层不是通过门第血统，而是通过他们掌握的儒家知识、对儒家伦理道德的理解、各种行政管理方面的才能来界定的。

庶民阶级反映在文化上的特质，便是庶民文化。庶民文化不论在政治、社会、艺术方面，均展现出不同于贵族社会的形态，是一种普遍性被凸显的文化。北宋初期，社会比较安定，政府对发展做了一些有效措施，再加上当时社会上出现很多小生产者，对两宋的经济文化发展，有着重大意义。经济空前发展，农业、手工业、商业生产达到比隋唐更高的水平❶，因此产生了丰富多彩的宋代物质文化。

史学大师陈寅恪先生认为"华夏民族之文化，历数千载之演进，造极于赵宋之世"❷。宋代初期，经济发达，有着庞大的国内外市场、完善的流通网络、适应时代潮流的消费观念，这一切与民间手工业的充分发展密切相关，同时又促进了民间手工业的进一步发展，可以生产更多华丽奢侈的服饰。宋

---

❶ 吴淑生，田自秉. 中国染织史[M]. 上海：上海人民出版社，1986：169.
❷ 陈寅恪，陈美延. 金明馆丛稿二编[M]. 北京：生活·读书·新知三联书店，2001：245.

代官营手工业的总体规模并不如唐代，但其经营的项目高度集中，掌握了充足的生产原地并利用民间手工业的潜力，使得宋代手工业的生产达到了新的高峰。

宋代文化普遍繁荣，在广泛继承前人成果的基础上全面创新，风格清瘦，形成特有的风貌。宋代文化不是某一领域繁荣，而是各个领域，包括哲学、史学、科技，文学的诗、词、文，艺术的书、画、音乐都普遍繁荣。宋代重视文化遗产，政府组织力量对宋代之前的儒、释、道文化都进行过大规模的系统整理和总结。宋人学古而不泥古，极富创造性。宋代的艺术表现在社会经济繁荣的基础上，更加提升造型风格的系列化转变，由于发达的手工业与尚文崇理的文化氛围，形成含蓄典雅、心物化一的特殊美学风范，达到中国艺术发展另一崭新阶段。宋人以瘦为美，喜欢画残山剩水枯木怪石。宋代在服饰打扮审美观上也是以清瘦为美。服饰是随着社会、工艺技术、审美等方面的变化而变化的，宋代服饰除了对唐代服饰的一些传承外，又明显的与唐代不同，宋代尚文重理的风格，表现在素雅的服饰中，成为其鲜明的时代风格。宋代服装重"装饰"，不仅在款式设计上注意裁剪分割，还强调服装的面料、色彩、图案、配饰等变化，以表现完整的服饰品貌。

## 2. 服饰分类及主要造型特征

（1）男士服饰。宋代的男装大体沿袭唐代样式，整体来说宋代着装比起秦汉时期结构更加简洁。福州北郊浮仓山南宋黄昇墓、江西德安南宋周氏墓、江苏金坛茅山东麓南宋周瑀墓均有成批服装实物出土，湖南邵阳何家皂北宋墓及山西南宋墓、新疆哈拉尔北宋墓也有绫、纱、刺绣或锦袍出土。出土的袍服，男服缘边以素色为主，女服的装饰则集中在大襟边、小襟边、下摆边及袖缘，有素色、印金和彩绘等。材质以绢居多。如图1-59所示江苏金坛茅麓南宋周瑀墓出土的素罗直领对襟夹衫，领、袖、襟镶深褐色窄绢边，衣身面料为素罗拼合而成。

表1-6是儒生周瑀墓出土的服饰基本尺寸，可以看出缘饰变得窄而修长。领缘宽度在1.5～1.8厘米，襟、袖缘宽度在4～5厘米左右。图1-60是浙江黄岩南宋墓出土的一件袍，墓主赵伯澐，系宋太祖赵匡胤七世孙。建墓时间是南宋庆元二年（1196年）。整体服装风格符合宋代潮流，造型简洁而素雅。

第一章　中国传统服装缘饰发展

图1-59　南宋周瑀墓出土对襟衫

（图片来源：《中国织绣全集：历代服饰卷》）

图1-60　交领莲花纹亮地纱袍

（图片来源：《丝府宋韵：黄岩南宋赵伯澐墓出土服饰展》）

表1-6　南宋周瑀墓出土服饰尺寸

单位：厘米

| 名称 | 衣长 | 通袖长 | 袖宽 | 袖口宽 | 下摆宽（前襟） | 下摆宽（后襟） | 领缘宽 | 襟怀缘宽 | 袖缘宽 |
|---|---|---|---|---|---|---|---|---|---|
| 素罗合领单衫 | 127 | 272 | 51 | 62 | 101 | 90 | 1.5 | 4 | 4 |
| 绢合领单衫 | 120 | 268 | 46 | 61 | 101 | 85 | 1.5 | 4 | — |
| 缠枝花卉纱合领单衫 | 121 | 268 | 53 | 59 | 101 | 89 | 1.5 | 3 | 3 |
| 素纱合领单衫 | 121 | 264 | 51 | 61 | 101 | 82 | 1.5 | 3.5 | 3.5 |
| 缠枝牡丹花罗合领夹衫 | 122 | 268 | 54 | 64 | 92 | 79 | 1.8 | 5 | 5 |
| 小花绮合领夹衫 | 120 | 260 | — | 61 | — | 78 | 1.5 | 5 | 4.5 |
| 矩纹纱交领单衫 | 135 | 268 | 52 | 58 | — | 89 | 1.5 | 4.6 | 4.5 |

　　黄岩南宋赵伯澐墓出土服饰的结构图可以看出，图1-61~图1-64这几件服装为背部中缝直通到底、有领缘、有袖缘且下摆无缘边装饰的长衣，有对襟，有斜领交裾。扣合方式以系带为主，纽扣较少。

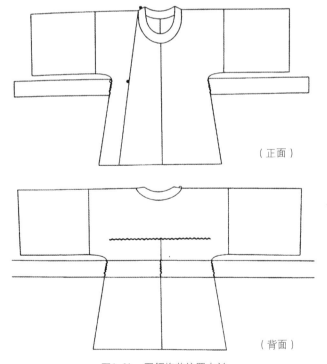

（正面）

（背面）

图1-61　圆领梅花纹罗夹衫

（图片来源：《丝府宋韵：黄岩南宋赵伯澐墓出土服饰展》，笔者绘制）

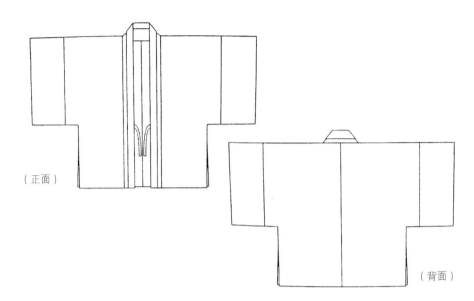

（正面）

（背面）

图1-62　对襟缠枝葡萄纹绫袄

（图片来源：《丝府宋韵：黄岩南宋赵伯澐墓出土服饰展》，笔者绘制）

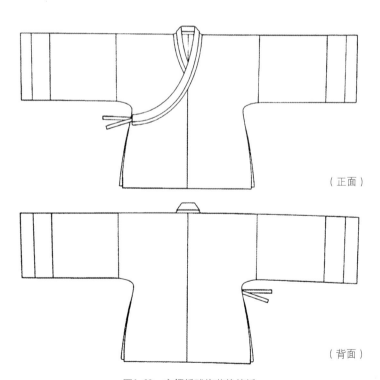

（正面）

（背面）

图1-63　交领绣球梅花纹绫袄

（图片来源：《丝府宋韵：黄岩南宋赵伯澐墓出土服饰展》，笔者绘制）

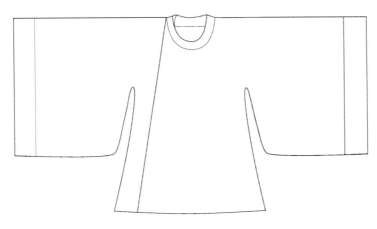

图1-64　圆领素罗大袖衫

（图片来源：《丝府宋韵：黄岩南宋赵伯澐墓出土服饰展》，笔者绘制）

（2）女子服饰。从整体风格上看，宋代除了命妇礼制上的袆衣、朱衣、礼衣、鞠衣、宽衣大袖等衣冠法服之外，妇女大多着袄、襦、衫、褙子、半臂，下身裙、裤。其面料为罗、纱、锦、缕、縠、绢。这一时期服饰追求秀雅颀长：交领、窄袖、合体，从当时流行的褙子、半臂、衫襦、袄裙的形式上都能看出，见表1-7。

表1-7　宋代妇女服装

|  | 大袖衫 | 褙子 | 襦 | 袄 | 女衫 | 半臂 |
|---|---|---|---|---|---|---|
| 形式 | 长袖，衣身至膝，腋下开胯，前后襟不缝合 | 短袖上衣 | 短式单衣，身长到腰部，腰身袖口较宽松，秋冬穿着常服 | 其形制与襦相似，多夹层，冬衣 | 轻薄材料做成颜色素淡，无袖端 | 袖子长到肘间，短衣 |
| 身份 | 贵族妇女 | 庶民妇女 | | | | |

①衫：南北朝时因受胡服影响，民间男女穿衫者日益减少，到唐宋时则重新流行。唐宋百姓所穿的衫一般多做得比较短小，长不过膝。衫本来是单层的，后来用的人渐渐增多，用途也更为广泛，于是又出现了缀有里的夹衫。衫从单层变成双层，穿着的时间有所延长，除穿着时间变化外，唐宋时的衫形制上接近于袍。而宋代妇女的衫、襦形制样式较多，其中主要的是直领对襟式。宋代妇女服饰大多仿照周代制度，衫因为袖子很宽博的缘故，所以又名大袖，

图1-65 贵族大袖衫形象
（图片来源：《新定三礼图二十卷》）

《宋史·舆服志》记"其常服，后妃大袖" ❶，是宋代贵妇常用的服饰（图1-65）。皇后袆衣的领缘、袖缘必须"织成云龙"，在旧藏历代画像中，宋神宗皇后所着袆衣画像，衣领、袖口、衣裾用云龙花装饰。

②褙子：普通妇女多穿褙子，下长过膝。衣袖有宽窄二式，着时罩在襦袄之外。如图1-66所示福建黄昇墓出土的对襟女褙子，下摆左右开裾至腋下，缘边装饰主要集中在领部至衣襟边、下摆、袖口等，缘饰纹样是1.3厘米的印金彩绘芙蓉菊花及4厘米宽的彩绘菊花和几何纹花边。衣服面料为平纹绉纱，花边底料是二经绞织罗。

宋代男子从皇帝，官吏、士人、商贾、仪卫等都穿。宋代女子穿着褙子更是一种时尚，上自皇后嫔妃、下至奴婢侍女及民间普通百姓，都穿着各式褙子。但男子一般把褙子当作便服或衬在礼服里面来穿，穿在外面的比较少。女子所穿的褙子，是穿在衫襦、衣袄、裙裤之外的罩衣，宋代的褙子为长袖、长衣身、腋下开胯，即衣服前后襟不缝合，而在腋下和背后缀有带子的样式。大多为直领、对襟、窄袖、两侧开衩，领和袖端一般用不同的织物做出缘边，领型有直领、斜领、盘领三种，以直领式居多，两襟相对处没有丝带系合，衣长大多在膝盖上下。图1-67是山东省济南历城区港沟镇中日合资昭和塑料有限公司厂区1号墓出土的壁画。图中仕女形象着窄袖褙子形象，开裾至腋下。图1-68与图1-69褙子的领口及前襟绣花边，时称"领抹"。其质地因经济条件的不同而有所差异，贵族妇女的褙子多选用罗、锦一类高级织物裁制而成。在颜色上没有严格的贵贱区分，多用红、黄、紫、蓝等色。

❶ 脱脱. 宋史[M]. 北京：中华书局，1985：35.

图1-66 南宋窄袖女褙子

（图片来源：《中国织绣服饰全集：历代服饰卷》）

图1-67 壁画出土的侍女形象

（图片来源：《中国出土壁画全集》）

图1-68 穿窄袖褙子
的妇女

（图片来源：山西稷山白
辛庄宋墓）

图1-69 壁画中妇女形象

（图片来源：陕西韩城盘乐宋代
壁画墓）

③襦：古代人居家生活除了穿长衣之外，有时也穿短衣。襦是最常用的衣。其制有长短、单夹之别，长者不过膝下，短者只到腰间，夹襦之间可以放棉絮，唐代之后，经宋元明清各代，一直为妇女的便服。一般的襦衣长较短，袖子也以窄的居多，领部以斜领居多，有锦、罗质缘边。后来因袄的流行，其制渐绝。

襦在宋代大多为中下层妇女所穿，无论年轻还是年老妇女都可以穿着。宋代妇女承袭晚唐五代遗风，喜欢穿大袖的衫子，但由于社会趋于保守，穿着时内在衫内缀一层里，作为夹衫的形式。袄是从襦变化而成的短衣，衣长至人的胯部，多以厚实的织物制成，大襟窄袖，缀有衬里，若在其中纳以棉絮则称棉袄，是士庶男女常穿的冬衣。

表1-8是黄昇墓出土袍服尺寸统计表，衣服衣长与汉代出土的服饰基本一致，但袖通长比原来缩短了近1/3，这一时期缘边变窄而细长。出土的服装，衣服中有广袖袍和窄袖袍两种，款式均为直领对襟开衩，加缝衣领，两襟敞开，襟、袖、下摆缘及肋下开衩都有镶一道花边，为印金填彩、彩绘或素色镶边，襟上无纽襻或系带。

表1-8　福建省博物馆藏福州南宋黄昇墓出土袍服尺寸统计

单位：厘米

| 名称 | 衣长 前 后 | 袖通长 | 袖宽 | 袖口宽 | 袖缘宽 | 下摆宽 前襟 后襟 | 下摆边宽 | 小襟边宽 | 大襟边宽 | 领缘宽 |
|---|---|---|---|---|---|---|---|---|---|---|
| 紫灰色经纱镶花边窄袖袍 | 123 125 | 147 | 25 | 28 | 4 | 57 59 | 4 | 1.2 | 4 | 2 |
| 褐黄色罗镶花边广袖袍 | 120 121 | 182 | 69 | 68 | 2 | 60 61 | 2 | 1.6 | 1.8 | 2 |
| 黄褐色罗镶花边广袖袍 | 118 118 | 158 | 72 | 70 | 1.5 | 60 62 | 1.5 | 1.5 | 1.5 | — |
| 黄褐色罗镶花边窄袖袍 | 131 131 | 134 | 22 | 25 | 1.8 | 55 59 | 1.8 | 1.3 | 2 | 2.5 |
| 烟色罗广袖袍 | 115 115 | 159 | 70 | 70 | 0.3 | 55 57 | 1.5 | — | 4 | — |
| 褐黄色罗镶花边窄袖袍 | 123 123 | 145 | 23 | 26 | 2 | 54 61 | 2 | 1.3 | 2 | 2.5 |
| 浅褐色罗镶花边广袖袍 | 122 122 | 146 | 72 | 69 | 1.5 | 59 63 | 1.5 | 1.5 | 1.5 | 3 |
| 褐色罗镶花边广袖袍 | 121 121 | 160 | 66 | 75 | 1.5 | 59 60 | 1.5 | 1.6 | 1.8 | 3 |
| 褐色暗花罗镶花边窄袖袍 | 112 112 | 130 | 21 | 23 | 2 | 57 58 | 2 | 1.3 | 2 | 2 |

注　根据《福州南宋黄昇墓》一书整理。

直领对襟开衩加缝领的单衣，襟缘边多印金填彩镶边，下摆素色缘边，还有在腋下、背中脊、袖端接缝处加缀印金填彩花边的。这个时期从出土袍服及单衣缘边尺寸可以看出，袖缘、领缘、对襟缘边宽度都比较窄，衣边往往有大襟边和小襟边，有的有三道边缘装饰，符合这个时期人物清瘦秀丽的着装效果。

从表1-9可以看出这一时期的纹样装饰以花卉为主，花鸟、几何纹样次之。受程朱理学影响，纹样更讲究规范与庄重。比起唐代纹样的宗教性，强调祥瑞，宋代更注重纹样的装饰性，强调自然之美，弥漫着一层清冷的色调。

表1-9　福建省博物馆藏福州南宋黄昇墓出土服装缘边纹饰图案

| 名称 | 大襟边 | 小襟边 | 下摆缘 | 袖口缘 |
|---|---|---|---|---|
| 紫灰色经纱镶花边窄袖袍 | 彩绘百菊、几何形 | 印金芙蓉、菊花 | 彩绘百菊、几何形 | 几何形 |
| 褐黄色罗镶花边广袖袍 | 彩绘鸾凤、云气纹 | 印金蔷薇花 | 彩绘鸾凤、云气纹 | 彩绘鸾凤、云气纹 |
| 黄褐色罗镶花边广袖袍 | 彩绘木香花 | 印金芙蓉、菊花 | 彩绘木香花 | 彩绘木香花 |

| 名称 | 大襟边 | 小襟边 | 下摆缘 | 袖口缘 |
|---|---|---|---|---|
| 黄褐色罗镶花边窄袖袍 | 无图案 | 印金芙蓉、菊花 | 印金小荷菊 | 印金小荷菊 |
| 褐黄色罗镶花边窄袖袍 | 黑色素边无图案 | 印金菊花、芙蓉、山茶 | 黑色素边无图案 | 黑色素边无图案 |
| 浅褐色罗镶花边广袖袍 | 印金彩绘茨菇、白萍 | 金彩绘朵菊 | 印金彩绘茨菇、白萍 | 印金彩绘茨菇、白萍 |
| 褐色罗镶花边广袖袍 | 印金彩绘蔷薇 | 印金芙蓉、菊花 | 印金彩绘蔷薇 | 印金彩绘蔷薇 |
| 褐色暗花罗镶花边窄袖袍 | 彩绘牡丹、芙蓉、绣球、飘带等 | 印金鱼藻 | 彩绘牡丹、芙蓉、绣球、飘带等 | 彩绘牡丹、芙蓉、绣球、飘带等 |

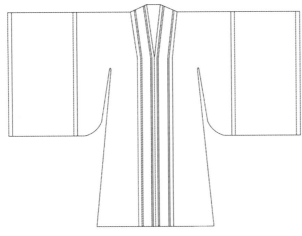

图1-70  褐黄色罗镶花边广袖袍

图1-70为褐黄色罗镶花边广袖袍，面料为罗制，对襟开衩，领、襟、袖缘、胁下均镶彩绘花边，衣服为正裁，衣缘花边均为后加，花边宽度在4.4厘米左右。

### 3. 材质

"与人民生活日常服饰直接相关，最具代表性高度发展的手工行业，就是丝织业、纺织业、染织业"[1]。宋代在纺织业繁荣的带动下，与纺织业最密切的印染业也有相应进步，印染品的花色众多，技术更为精熟，可制作"一年景"[2]的衣服。宋代丝织业不仅品种丰富，且质量很高，特别是各地织染法不尽相同，产品争奇斗艳，各有千秋，又相互交流，相互进步，丰富和发展了织染技术。宋代丝织业的生产技术也有了显著提高，可以制作各种精美的绢、纱、縠、罗、绮、绫，与彩色丝线多重织法的提花锦缎；以及为后人称赞高度工艺水平的缂丝、刺绣技术。宋代的纺织业较前代更发达，一些工艺复杂的丝织产品也能大规模生产，如罗，罗是较为上乘的丝织物，材质上轻薄而有疏孔，织造工艺要比纱、绢、绮等复杂[3]。宋代所谓的"撚金丝番

[1] 胡小鹏. 中国手工业经济通史·宋元卷[M]. 福州：福建人民出版社，2004：48.
[2] 以写生花卉为主、兼备一年四季花卉的图案，都可称为"一年景"。
[3] 赵连赏. 服饰史话[M]. 北京：中国大百科全书出版社，2000：131-132.

缎"❶，是番外回鹘工人织造高级锦缎之一。

（1）宋式锦。宋代丝织物的装饰纹样开始重视生色花，产生了从唐代团窠瑞锦发展成的八达晕锦、凿六破锦发展而成的球路等彩锦，几何图案中都加入了小朵折枝花，色调配置由浓艳转入素朴淡雅。宋高宗南渡后，集中江南巧匠于临安，从这里发展起来的工艺美术样式，成为孕育后来明代苏州式样的母体。明清时期，苏州织锦颇为盛行，部分花色继承宋代风格而称"宋式锦"。宋式锦是采用两组经与数组纬交织，纬丝显花，一组地经与地纬交织成地组织，另一组经丝为接结经，专门用以固结花纬丝。采用这种组织的加金织物也称织金锦。宋式锦纹样多为几何纹骨架中饰以团花或折枝小花，配色典雅和谐。

（2）罗。《淮南子·齐俗训》描述了齐国丝织品技术发达："有诡文繁绣，弱緆罗纨"。罗，特点是用绞经方法。有方孔的叫纱罗，有花纹的叫花罗。长沙马王堆出土有花罗制成的香囊、手套、帷幔、衣服等。宋代黄昇墓出有"四合如意"的花罗，见表1-10。

表1-10　黄昇墓与周氏墓出土的材质

| 名称 | 织造工艺 | 部位 | 特点 |
|---|---|---|---|
| 素罗 | 二经绞 | 用于衣的大、小襟边、加缝领 | 质地轻薄 |
| | 四经绞 | 单衣、夹衣刺绣花边用此类罗作地 | 组织稀疏、方孔透亮 |
| 纱 | 平纹素织 | 服装襟边和衣领里层 | 质地轻柔透亮 |

## （六）明代服饰与缘饰

### 1. 社会背景

明代以前的中国封建王朝里，有一种介于皇帝和文武百官之间的官职，叫作宰相，是所有官员当中地位最高的那个。绝大多数时候，宰相都对皇权

❶ 孟元老. 东京梦华录笺注[M]. 尹永文，笺注. 北京: 中华书局，2006: 689.
孟元老在《东京梦华录》曾记下当时宋杂剧演员的装扮："皆妙龄翘楚，结束如男子，短顶头巾，各着杂色锦绣，捻金丝番段窄袍，红绿吊敦束带"。

构成一定程度的威胁与制衡。在魏晋南北朝时期，由于贵族政治盛行，朝廷上下基本都被大家族把持着，甚至连皇帝都成了傀儡。鉴于这种教训，隋唐开始设立"三省六部制"。其中，"三省"指尚书省、中书省、门下省。按唐朝的规定，三省的长官全都是宰相，这就相当于把之前的宰相权力化整为零了，目的就是为了减少相权对皇权的威胁。但类似的威胁还是一直存在着，直到朱元璋建立明朝以后才被彻底解决。朱元璋借胡惟庸案彻底取消了宰相制，用内阁制代替。此时的内阁制和之前的宰相制已经无法同日而语，它使得以往和皇权抗衡的力量不复存在，明朝皇帝的权威得到了空前提高。另外独立于司法系统的厂卫制度严重破坏了明朝的管理秩序，大臣完全成为皇帝的附庸，而皇帝的决策也变得更加随意和不受约束，这是中国官僚管理体系的一次大倒退，连同相权的衰落，标志着中国的皇权专制达到了顶峰，为后来明朝的灭亡埋下了伏笔。

明初社会风气俭朴，随着资本主义萌芽、经济的发达，从明朝中叶，社会风气由俭朴渐趋奢华，体现在服饰、饮食、居室、车舆、婚丧、器用等各方面，具有追逐时髦、竞相奢侈和违礼逾制的特点。男女服饰竞相尚艳、新、异，促使人在装扮时产生炫耀心理。君王随兴滥赏，使朝廷体制产生破坏，政府控制力下降，社会风气即转向浮华与奢靡，且百姓们的装束也变化多样，不再遵守原有的规范，转而展现个人身份。"士大夫或百姓，无论在饮食、居住、穿着、娱乐各方面都更为讲究，与过去传统儒家崇尚俭朴的风气有很大的差别，商人的地位也明显提高" ❶。

## 2. 服饰及主要造型特征

明初对整顿和恢复传统的汉族礼仪非常重视。一改元代之胡风，根据汉族的传统服饰，上采周汉，下取唐宋，对服饰制度作出新的规定。上至皇帝下至文武百官，均受此约束。洪武元年（1368年）二月下诏："诏复衣冠如唐制，初元世祖起自朔漠，以有天下，悉以胡俗变易中国之制，士庶咸辫发椎髻，深襜胡俗。衣服则为袴褶、窄袖及辫线腰褶，妇女衣窄袖、短衣，下服裙裳，无复中国衣冠之旧，甚者易其姓氏为胡名，习胡语。俗化既久，恬不

❶ 梁之臻. 中国明代风格应用于现代产品设计的研究[D]. 武汉：湖北工业大学，2012.

知怪，上久厌之，至是悉命复衣冠如唐制，士民皆束发于顶，官则乌纱帽圆领袍，束带黑靴。士庶则服四带巾，杂色盘领衣，不得用玄黄。乐工冠青卍字顶巾，系红绿皂带，士庶妻首饰许用银镀金，耳环用金珠，钏镯用银，服浅色团衫，用紵丝绫罗紬绢，其乐妓则戴明角冠，皂褙子，不许与庶民妻同，不得服两截胡衣，其辫发椎髻，胡服胡语胡姓一切禁止"❶。从中可以看出，诏书的规定摒弃了胡服的元素，圆领袍也从唐代改成深衣的传统形式，服饰的缘边加贴边装饰，达到定型的效果。整件袍服"宽袖大袂"，与胡服成为明显的对比。

明朝朝服式样变更数次，不变的就是采用了上衣下裳及缘边装饰，《事物绀珠》一书中有君臣服饰的记载："朝服，绛色青缘，上衣下裳"❷。这个记载与明代肖像画服饰着装及孔府旧藏传世品是一致的。图1-71是明昌平侯杨洪朝服肖像画的整套着装，绛色即为传统的中国红，在朝服内穿白色中单搭配。中单类似我们现在穿着的白衬衣。图1-72是山东博物馆收藏的孔府旧藏赤罗朝服，上衣下裳，衣长118厘米，袖通长250厘米，袖宽73厘米。交领、右衽大襟、宽袖敞口，领、襟、袖、摆及下裳的侧缘和底缘处缘以四寸宽的青色罗边（约15厘米）下裳以橘黄色围腰，同样是青罗镶边。上衣扣合方式以系带为主，前襟及内襟各有系带一对。下裳可平铺，整体分为两大片，围系在身上时两片重合拼接于腰上。

明代官员的服饰，除了明文规定的条文外，对于公务之外的燕居服饰，没有明确的规定，到嘉靖期间，官员们的燕居服饰竞奇诡异，嘉靖七年，明世宗采纳大臣的建议，制定了新服制，名为忠静冠服，其样式为："忠静冠仿古玄冠，冠匡如制，

图1-71　明昌平侯杨洪朝服像
（图片来源：美国福瑞尔博物馆藏）

❶ 夏原吉，等. 明太祖实录[M]. 台北：台北研究院历史语言研究所，1962：525.
❷ 黄一正. 事物绀珠[M]. 济南：齐鲁书社，1995.

图1-72 孔府旧藏赤罗朝服

（图片来源：山东博物馆藏）

以乌纱冒之，两山俱列于后（图1-73）。冠顶仍方中微起，三梁各压以金线，边以金缘之。四品以下，去金，缘以浅色丝线。忠静服仿古玄端服，色用深青，以纻丝纱罗为之。三品以上云，四品以下素，缘以蓝青，前后饰本等花样补子。深衣用玉色。素带，如古大夫之带制，青表绿缘边并里。素履，青绿绦结。白袜"❶。由此可见，忠静冠仿照古代玄冠，表面糊乌纱，冠后列两

❶ 张廷玉. 明史[M]. 长春: 吉林人民出版社, 1995.

图1-73　电子抄本《大明冠服图》忠静冠服图说

山，冠顶呈方形，中间有突起，冠上以金线压饰三梁，三品以上，冠缘边用金边装饰，四品以下用浅色丝线装饰。缘边材料的价值高低也成为辨别穿着者身份的重要特征。忠静服同样仿照古代玄端服饰，用深青色纻丝、纱罗制作，用蓝青色装饰衣领、袖口、下摆边。在前胸及后背装饰补子。三品以上袍料织有纹样，四品以下没有纹样。忠静服内穿着玉色深衣，腰系素带，模仿古代士大夫的形制，表面用青色，里侧和边缘用绿色，穿着白袜和系绿色绦结的青色素履。

　　袍服是由直裾发展而来，为古代一般的家居服。明代士人日常家居除穿袍服外，还会着衫，根据袍衫的不同形制，有不同的名称，具有代表性的形式有道袍（又称直掇）、曳撒、褶子等。王世贞（1526—1590）《觚不觚录》所记载："袴褶戎服也，其短袖或无袖，而衣中断，其下有横褶，而下复竖褶之，若袖长则曳撒；腰中间断，以一线道横之，则谓之程子衣；无线导者，则谓之道袍，又曰直掇" ❶。其中设计相似的袴褶、曳撒（前者短袖，后者长

———————————

❶ 王世贞. 觚不觚录[M]. 上海：商务印书馆，1937：2108.

袖）以及程子衣的外形，这种带有胡人符号的袴褶，在明太祖的诏复汉式衣冠中虽遭到禁服，却因为其便于骑射的设计，而易名为腰线袄子，保留在快行亲从官，也就是刻期的官服上❶。

（1）道袍。本是释道之服，宋明之时广泛用。"其便服，自职官大僚而下至于生员，俱戴四角方巾，服各色花素绸纱绫缎道袍；其华而雅重者，冬用大绒茧绸，夏用细葛，庶民莫敢效也"❷。这里的道袍与真正道士的装扮还是不同的，道士举行道教科仪、祀典所穿的服饰称为法衣。士人所穿的道袍作为便服穿着，取自道士日常便服的概念，上至官僚下至生员均可服用，所着服色以花素为主，而衣料是以绸纱绫缎为主；其风格为华丽而典雅、庄重，冬天由绒茧绸不同衣料混纺而成，夏日则是细葛织成。据记载道服是"不必立异以布为佳，色白为上，如中衣四边延以锱色布亦可。次用茶褐布为袍，缘以皂布，或绢亦可。如禅衣非兜罗绵，以红褐为之，月衣之制，铺地俨如月形，穿起则如披风道服，二者用以坐禅，策蹇披雪避寒，俱不可少"❸。士人穿着道服，大概与主流科举的风气有关，强调注重个人修养，独善其身，逍遥自在等形象。通常采用大襟、交领、两袖宽博，下长过膝。这种袍服具有衣身宽松、衣袖肥大的特点。服饰缘边通常以深色缘边为主（图1-74）。

（2）曳。又作"曳撒""一撒"，一般用纱罗苎丝制成。如图1-75所示是曳撒的样式。其样式

图1-74　着道袍形象

（图片来源：上海博物馆藏）

图1-75　《明宪宗调禽图》局部曳撒着装

（图片来源：国家博物馆藏）

❶ 徐一夔. 明集礼[M]. 台北：商务印书馆，1986：199.
❷ 叶梦珠. 阅世编[M]. 北京：中华书局，2007：197.
❸ 高濂. 雅尚斋遵生八笺[M]. 北京：书目文献出版社，1988：72.

或用交领，或用圆领，两袖宽大，下长及膝。腰部以下折有细裥，状如女裙，不分尊卑，皆可穿着，尤以官吏、士人所穿为多。

（3）袍。孔子博物馆收藏的明代白素纱袍，质地轻薄且半透明，为夏季穿着。衣长130.5厘米，通袖长256厘米，袖宽74厘米，腰宽60厘米，交领，两前襟从领处互相重合，右衽用带系之，长阔袖、左右开裾式袍。在领、襟、摆、袖处加蓝色纱缘，如图1-76所示。

如图1-77所示暗云纹白罗长衫是立领、右襟、宽袖，两侧开裾至腋下，领口缀金属子母扣，右腋襟处缀2对系带，衣长128.8厘米，袖通长226.2厘米，袖宽92厘米。

士人之服式，至洪武二十四年（1391年）定"生员巾服之制"，明太祖认为学校是替国储备人才之所，应该与吏胥无分别，乃命历任都察院，且得洪帝嘉许之秦逵（生卒年不详）所制定，"用玉色绢为之，宽袖、皂缘、帛绦、软巾、垂带，命曰襕衫"❶。儒生之装束，被称为"襕衫"。其相关服饰细目规定，在洪武二十三年则为"自领至裳，去地一寸，袖长过手，复回不及肘三寸"（图1-78）。从以上文字叙述来看，整件儒服是直身圆领大袖衫，且衫为宽大，又袖长过手，衣长离地一寸。

后至仁宗时曾见着衣蓝者，问询左右方知是监生，以为改着蓝色衣裳为好，至此襕衫由玉色改为蓝服。叶梦珠形容明后期之士人服色："其举人、贡、监、生员则俱服黑镶蓝袍，其后举、贡服黑花缎袍，监生服邓绢袍，皆不镶，惟生员照旧式"❶。

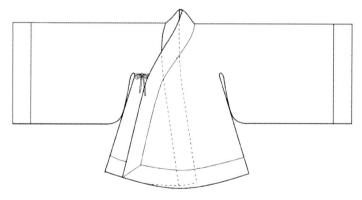

图1-76　明代白素纱袍

❶ 张廷玉. 明史[M]. 长春：吉林人民出版社，1995.

图1-77　明代暗云纹白罗长衫及其平面展开图

（图片来源：山东博物馆藏）

图1-78　《三才图会》中记载的襕衫样式

（图片来源：《三才图会》）

　　到了明后期，衣袖渐渐宽大，衣长过膝，袖长由明初须过手又加长至三尺。此为士人着装的长短变化，不复明初之时上述便服都是长衣，古代男女家居服除此外，尚有短衣。与万历35年刊（1607年）《三才图会》记载的襴衫样式相比江苏扬州明墓出土的襴衫样式、缘饰相差不大，但出土实物这个明显衣长较短（图1-79）。

　　明代妇女服饰有袍、衫、袄、霞帔、褙子、比甲、裙。

　　（1）襦。是最常见的短衣，夹襦之中又可加入棉絮，衣袖以窄袖为主，袖长大多至腕，唐以后，历经宋元明清，一直用作妇女便服，直到清代中期，因为袄的流行其制渐绝。如图1-80所示陈洪绶的《鸳鸯冢娇红记插图》❶中女子着襦裙的形象。图1-81和图1-82为着褙子的女子形象

图1-79　襴衫及细节图

（图片来源：《中国织绣服饰全集：历代服饰卷》）

---

❶ 明代陈洪绶《鸳鸯冢娇红记插图》是木版画，二卷，崇祯（1628—1644）间刊本。此画面面构图简洁，不用背景，人物形象顾盼有神，衣纹花饰均极讲究，形体感很强，为人物绣像图中难得之作。

图1-80 着襦裙的女子

（图片来源：《鸳鸯冢娇红记插图》）

图1-81 《孟蜀宫妓图》着褙子形象

（图片来源：《孟蜀宫妓图》）

（2）比甲。比甲，是一种无袖
上衣，类似背心，对襟、直领、无
袖、左右两侧开衩，衣长则至膝。比
甲源自元代服制，为便于骑马射箭而
将长袍简省成护身衣。随蒙古人传入
中原，逐渐普及于民间，到明代中
叶，这种游牧民族为方便骑射而发展
出来的样式，已成为风行年轻妇女的
服装。至明代扩展成为民间年轻女子
的日常穿着，而形成一股风气；如
图1-83所示月白色暗花纱比甲，圆
领，对襟，肩比较窄，左右开裾。对
襟镶红色纱绲白绢边。比甲可与其他
衣服搭配，除穿着方便外，也具有
装饰功能，穿着的机会也较多。比
甲多以遍地金与遍地锦为质料，从

图1-82 着褙子的女子形象

（图片来源：北京故宫博物院藏）

图1-83　月白色暗花纱比甲

（图片来源：《大羽华裳：明清服饰特展》）

穿着质料上已难看出身份的差别。

（3）皇后礼服。《明·舆服志》的记载，洪武三年制定的皇后受册、谒庙、朝会的礼服，"素纱中单，黻领、朱罗、縠褾、襈、裾。蔽膝随衣色，以緅为领缘，用翟为章三等……"说与袆衣相配的素纱中衣，使用黻纹装饰领缘，朱红色罗绉纱袖缘、衣襟和下摆。蔽膝的颜色和上衣一样，深青透红的缘边上绣有三对翟鸟纹。这里黻纹是至高社会地位象征，翟鸟纹则是后妃身份的象征（图1-84）。

图1-84　皇后袆衣

（4）袄。是襦演变而来的，衣长大多到胯部，以质地厚实的织物制成为多，大襟窄袖，缀有衬里，也称"夹袄"，若在其中纳以絮棉，则称"棉袄"，此为士庶男女常用的冬衣。到了清代几乎成为士庶妇女的主要便服，与裙子搭配穿着，晚清时还出现了长袄，下长至膝。如图1-85所示明代六十六代衍圣公侧室陶夫人画像中的着装，立领、对襟，长到脚踝，两边开衩，前襟与袖及下摆处饰有缘边。与图1-86《三才图会》中记载的款式基本相同。

明嘉靖以后的大城市，服饰奢华的趋向越来越明显，尤其是以妇女为代表："留都妇女衣饰，在三十年前，犹十余年一变。迩年以来，不及二三岁，而首髻之大小高低，衣袖之宽狭修短，花钿之样式，演染之颜色，鬓发之饰，履綦之工，无不变易。当其时，众以为妍，及变，而后之所妍，未有见之不掩口者"❶。这种追求衣着服饰变化的周期由十年一改变成二三年一变，其速度之快令当时士人瞠目结舌，不过也显示了当时社会追逐时髦的风尚是相当强烈的。妇女服饰的争奇斗艳、崇尚流行，更甚于男子。这个时期

图1-85　明代六十六代衍圣公侧室
陶夫人画像

（图片来源：《斯文在兹：孔府旧藏服饰》）

图1-86　《三才图会》记载的袄的样式

（图片来源：《三才图会》）

---

❶ 顾起元. 客座赘语[M]. 北京：中华书局，1987：293.

扬州流行一种新式样"女衫长二尺八寸，袖子宽一尺二寸，外护袖镶锦绣，冬季镶貂狐皮"❶。这一时期开始流行用毛皮来镶边，可见物质资源的充足与丰富。

### 3. 缘饰材料

这一时期缂丝、织金锦、缎等织造工艺的成熟，为镶边材料提供了更加丰富的选择。由于缎外观光亮平滑，质地柔软，在质量上超过了锦，成为明代最主要的高级衣料。

绫采用斜纹组织或变化斜纹组织。传统花绫一般是斜纹组织为地，上面起单层的暗光织物。《正字通·系部》："织素为文者曰绮，光如镜面有花卉状者曰绫"。绫质地轻薄、柔软，主要用于书画装裱，也用于服装。明定陵出土的绣十二章衮服（图1-87），袖口缘边为月白素绫，里面贴边宽2厘米，大襟下摆内折贴边2.5～4厘米。绣四团龙云纹绸交领夹龙袍（图1-88），两袖各接一幅。袖为琵琶形，窄袖口，袖口缘边为黄素绫，宽0.6厘米。领为单裁，一端缝在大襟上，一端缝在小襟上。

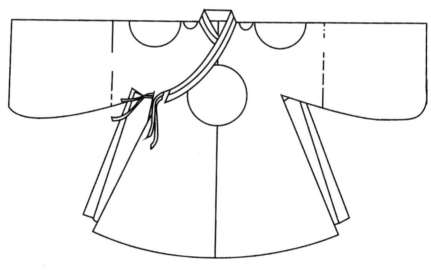

图1-87　十二章衮服

（图片来源:《定陵》）

---

❶ 袁杰英. 中国历代服饰史[M]. 北京: 高等教育出版社, 1994: 184.

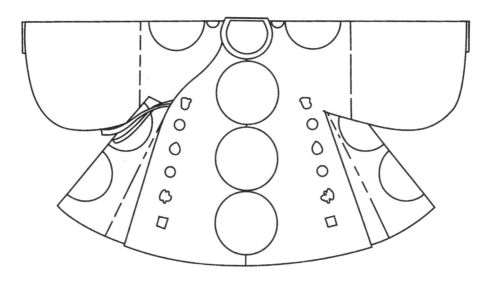

图1-88　绣四团龙云纹交领夹龙袍形制图

（图片来源：《定陵》）

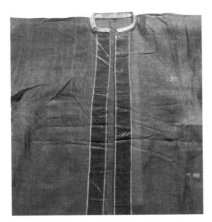

图1-89　暗云纹茶色罗短衫（前襟局部）

（图片来源：山东省博物馆藏）

图1-90　明代蟹青绸女长衫（下摆局部）

（图片来源：山东省博物馆藏）

　　图1-89暗云纹茶色罗短衫立领、对襟，窄袖，领口缘以暗云纹白罗窄边，襟边袖口缘以花卉织银缎边。图1-90蟹青绸女长衫款式为立领、对襟宽袖，两侧开裾至腋下。领、襟、袖两端，裾、襬镶织金缎宽边，襟摆、前后身裾摆相交处各金绣一篆体寿字。寿字右侧用了不同颜色的绦条渐变

排列组成一组缘饰装饰。这一时期的一大特色就是用极细的金银线来装饰领、袖、襟处的缘边。

如图1-91所示暗云纹白罗长衫局部立领与领托夹镶3道银线，胸襟与袖口同样以银线缘边。

如图1-92所示山东博物馆收藏的孔府旧藏彩绣香色罗蟒袍领、襟及后裾与下摆处均用金线来装饰，尤其是袍正面与

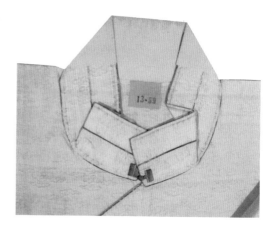

图1-91　暗云纹白罗长衫（领局部）

（图片来源：山东省博物馆藏）

背面衣裾两边均夹镶金线缘，来呼应整件服饰的盘金刺绣，整件赐服看起来精致华丽。

明代男女的衣领（主要是直领式衣服）上加有或宽或窄的白色护领，宽护领往往与衣领宽度相等，但短于衣领，窄护领则可较长。由于明代衣领普遍较高，大多包住脖子，因此护领的作用就是保护衣领免遭污损，又能随时拆换。后来护领也成了身份的识别标志，如《阅世编》记载："良家清白者，领上以白绫或白绢护之……其仆隶乐户止服青衣，领无白护，贵贱之别望而知之。"如图1-93所示曲阜文物管理委员会收藏的孔府旧藏本色葛袍，交领，右衽，长阔袖，领部加白纱领缘。

图1-94这件明代葱绿地妆花纱蟒裙，通长85厘米，腰围105厘米，下摆宽191厘米，为孔府旧藏传世实物，此裙由五幅料构成百褶式长裙，质地为暗花纱，裙摆、裙襕上有图案装饰，以飞蟒、行蟒、牡丹、梅花、菊花、荷花、海水江崖等纹饰为主。腰部以桃红色暗花纱镶腰，裙边以片金勾边。

图1-92　明代彩绣香色罗蟒袍及其领和衣背面细节图

（图片来源：山东省博物馆藏）

图1-93　本色葛袍

（图片来源：曲阜文物管理委员会收藏孔府旧藏服饰）

图1-94　葱绿地妆花纱蟒裙及局部细节图

（图片来源：曲阜文物管理委员会收藏孔府旧藏服饰）

# （七）清代服饰与缘饰

　　清朝发源于中国东北的山海关外，最早是名为女真的游牧部落，经历了几百年朝代的更替，女真人学会了不少中原王朝的统治经验。在明朝逐渐衰落的过程中，女真族的领袖努尔哈赤统一了之前分散的各个部族，形成了能够与明朝对峙的强大力量，仅用了20年就统一了整个中国。定都北京以后，清王朝之所以能够快速巩固政权，正是因为借鉴了历代中原王朝统治经验，也就是制度的吸纳。清朝照搬了明朝的大部分中央管理制度，保证了中央权力的平稳过渡。此外，清朝在立国之初，继续推行科举制，这对安定当时的知识分子作用非常大。科举制相当于一个社会的上升通道，使得知识分子有了出路，削弱了反抗的力量，也间接地巩固了当时整个社会的统治基础。清中期摊丁入地，把人丁税纳入土地税，解放了劳动力，促进了清朝中期经济的发展。同时康雍乾三朝也是思想钳制最为严重的时代，在这三个皇帝任内都兴起文字狱，知识分子仅仅因为对国家治理有着不同观点就被抓捕问罪，严重影响了整个社会的思想发展。这些皇帝到了晚年都或多或少地出现了一些保守化倾向，甚至开始骄傲自大、故步自封，阻碍了很多工业革命期间的先进科学技术成果进入中国，停止了前进的步伐。

　　中国历代服饰系以汉族固有的传统文化为主体，并不断吸收、融合其他民族的特色，进而继承、发展与创新。清代建立后，对传统的冠服进行了重大变革。将北方民族便于骑射的服饰传入，融合了中国传统的服饰，可以说是中国历代服饰中最精巧细致的朝代。既保留了汉族服制的特色，又融合了其民族特有的习俗礼仪，其中，中国传统的十二章纹为衮服、朝服的纹饰；绣有禽兽的补子，作为文武百官阶级识别的标记等，虽历代相传的弁服、深衣、禅衣已失传，但保留了袍作为主要的礼服。

　　加上清初历经康熙、雍正、乾隆三代太平盛世，又重视宫廷朝仪，设立织造局于织绣中心的江南，以江宁、苏州、杭州为中心，以内府亲信大臣管理，除负责采购宫中所需珠宝玉石外，也负责监督织造皇宫或官府需用的绸缎布匹，专门督造官服的制作。江南地区是盛清时期手工艺最发达的地区，手工业生产分工细密，产品齐全。其中以纺织业、丝织业人数为最多，产量亦最大。清朝官府在苏州设立的织造局，康熙年间便有织机八百余张，工匠两千余名，所产各式宫绸、锦缎、纱棉材料，各种袍、挂、披肩、伞盖、领袖、飘带、被缛等成品，不下百余种。中国向以丝绸王国闻名于世，而江南又是丝绸主要生产与集散中心，在宫廷与文武百官服饰的需求刺激下，其独特的风格驰名中外。其用料之精、和色之美、手艺之巧，也为中国历史上所少见，而使中国的织造艺术达于登峰造极之境。清代的服饰也受江南时尚的影响，呈现多彩多姿的一面❶。

（1）清初期：族群意识的高压到融合。

清朝初期，为加强对汉族的威慑，推行剃发、留辫、改穿满服等服饰改革，但受到强烈抵制，被迫采纳明朝遗臣金之俊"十不从"建议。即"男从女不从，生从死不从，阳从阴不从，官从隶不从，老从少不从，儒从释道不从，倡从而优伶不从，仕宦从婚姻不从，国号从而官号不从，役税从而语言文字不从"的建议，仍顺应民情需求，选择性的保留明代服式，使清代推行的剃发易服法令，得以在全国推行。因此清初女性着装与明代着装区别并不大，呈现出瘦长型，《六十年来妆服志》记载："在清初的时候，妇女所穿的衣服，与明代无甚歧异，只是后来自己渐渐变过来了"❷。不久，清廷又根据汉族传统服饰特色，对服饰制度进行了修订，颁发了《服色肩舆永例》，对文武官员的服饰做了具体的规定，使清代服饰也充分继承明代服饰的技术与成就。

清代男子以袍、马褂、袄、衫、裤为主，改宽衣大袖为窄袖筒身。衣襟以纽扣系之，代替汉族惯用的绸带。领口变化较多，但无领子，可另加领衣。由于满装对襟，所以前襟补子分为两半，因是游牧民族的关系，因此袍与袄多开衩。后又规定皇族用四衩，平民不许开衩。其中开衩大袍，也叫箭衣，袖口有突出于外的箭袖，又称为马蹄袖。

马褂是清代所特有的一种流行衣式，多套在长袍之外，有单、夹、棉、

---

❶ 刘家驹. 清史拼图[M]. 台北：远流出版社，2003：43.

❷ 包天笑. 六十年来妆服志[J]. 杂志，1945（3）.

皮等多种。作为正式行装的马褂以天然色为主，夏天则多用棕色。面料有铁线纱、呢缎、皮毛等，达官贵人多用狐、貂等高级皮毛制成马褂。

背心为短袖短衣，是一种内衣，魏晋时开始被穿在外面，清代的背心又叫"坎肩"，除了单层的外，尚有夹层，丝绵和皮里之分。在清代坎肩中，最有特点的是"巴图鲁坎肩"，通常以厚实的质料制成，中纳絮绵，或缀以皮里，最初多为武士骑马时所着，衬在袍衫之内，作为御寒之服，"巴图鲁"即为满语"勇士"之意。后来这种背心传到了民间，受人们欢迎，一般男女都喜着之，并且从内衣演变成外衣。

清早期汉族妇女的便装和晚明时期类似，缘饰部分仅施于衣领、衣襟及袖端。清代妇女常用的服装有背心、袄、衫、裙、马甲裙、裤等。

汉族女子平时穿袄裙、披风等。上衣由里到外为：肚兜—贴身小袄—大袄—坎肩—披风。贴身小袄可用绸缎或软布为之，颜色多鲜艳，有粉红、桃红、水红、葱绿等。大袄分季节有单夹皮棉之分，式样多为右衽大襟，长至膝间或膝下。袖口初期较小，后逐渐放大。外罩坎肩多为春寒秋凉时穿用。披风为外出之衣，式样多为对襟大袖或无袖，长不及地，高级披风上绣五彩夹金线并点缀各式珠宝，外加围巾。下裳以长裙为主，裙式多变。妇女所穿长袍即现代所称旗袍。旗袍有单、夹、棉、皮之分，按季节而不同，袍色一般以浅淡为多。

皇族命妇朝服与男子基本朝服相同。清代妇女服饰中最高等级是命妇（指皇后、皇太后、福晋、贝勒夫人、公主、郡主等）的冠服。服色上有明黄、金黄、香色、蓝及石青等，其章纹有龙、蟒之别，从上到下按等级有严格的规定。有时也穿马褂，但不用马蹄袖。上衣多无领，穿时加小围巾，领口式样较多。

如图1-95所示二人均着冬吉服，佩戴朝珠。从图中可看出女冬吉服冠跟男冬吉服冠基本是一样的，女服缘饰颜色为白色，男服为棕色。日常生活中，原本旗人女子是多穿常服的，但因女常服与男常服款式上差别不大，不受欢迎，满人女装想做出各式花样，但是清代常服和吉服一脉相承，二者款式完全一致差别就在于有无纹饰，所以出于服饰制度的限制，女常服上是无法添加花样纹饰的，否则就很难与女吉服做区分。因此，大家不得不把目光转向了比常服低一级的便服—从清中期开始，与男装不同，女便服得到了蓬勃的发展。便服，原本是居家穿着，后逐渐替代了女常服的地位，成为日常穿着的最主要服饰。

图1-95　冬吉服穿着图

（图片来源：美国福瑞尔博物馆藏）

（2）清中期：奢侈之风兴起。

中国的奢侈风气在明中期已经萌芽，至晚明时奢侈风气开始明显化，清初因为天灾人祸以及清政府强化礼法的政策，使得奢侈风气稍微衰弱，但是江南地区在顺治后期又开始出现奢靡的现象，直到康熙朝中期奢侈风气再次逐渐地弥漫开来，而其他内地的省份则大约到雍正朝以后社会风气才开始走向奢靡❶。因此，清代的社会风尚与消费风气在乾隆朝时已达于鼎盛，国内奢侈风气盛行，百姓的物质生活与消费乐趣也更加丰富。清中期奢侈之风的兴起，导致人们生活由简趋繁，由朴到奢，风气迭变，在相当大程度上影响和改变了服饰风格和审美取向。体现在服饰上则是装饰的繁复与精美。

道光年间，衣袖博大的现象相当普遍，宽衣博袖流行于市，皮毛锦绣成为人们追求的对象，生活中甚至以穿着素布为耻。社会风气普遍讲究穿着，

❶ 巫仁恕. 奢侈的女人：明清时期江南妇女的消费文化[M]. 台北：三民书局，2005：7.

不仅富余人家炫耀显贵竟尚
虚荣，就连中下人家也趋之
若鹜互相攀比，繁复华丽的
女便装成为家庭经济状况的
体现，正是这种世风，给讲
究装饰的女便装提供了更大
的发展空间，并促使其向更
加烦琐奢华的方向发展。

　　清代文人钱泳也记载了
苏州服饰豪奢的情况："不论
富贵贫贱，在乡在城，俱是
轻裘，女人俱是锦绣，货愈
贵而服饰"❶。这个时期的衣服
上极其重视装饰，衣饰审美
日趋华丽繁缛，近似19世纪
欧洲洛可可时期，服饰呈现
纤细富贵、烦琐艳丽的风格
（图1-96、图1-97）。而镶绲
绣贴是清代女子衣服装饰的
主要手法。通常是在领、袖、

图1-96　清代人物雕塑
（图片来源：纽约曼哈顿弗里克博物馆藏）

图1-97　清代贵族女子形象
（图片来源：美国福瑞尔博物馆藏）

前襟、下摆、袖口、裤管等缘边处施绣镶绲花边，很多是在最靠近的一道留
阔边，镶一道宽边，紧跟两道窄边，使用绣、绘、补花、镂花、缝带、镶珠
玉等手法。图1-98这件清中期的浅紫色提花缎大襟女袄形制是圆领。领缘可
见云肩的遗风，绲边不仅强调袖口，也强调了上下对称之美，缘边内的图案
以蓝、绿线绣成婴戏图、拱桥、亭台、花朵等图案。整件衣服如瓷器般精美。
如图1-99所示靛蓝色提花缎大襟羊羔裘内为狐毛，袖宽为衣长的一半左右，
缘边装饰有织带、刺绣、缎布边等，分为两组，一组为曲直线、宽细线和如
意云纹组成的缘饰，另一组为刺绣花纹图案。

---

❶ 钱泳. 履园丛话[M]. 北京：中华书局，1979.

图1-98　清代女子服装

（图片来源：《台湾早期民间服饰》）

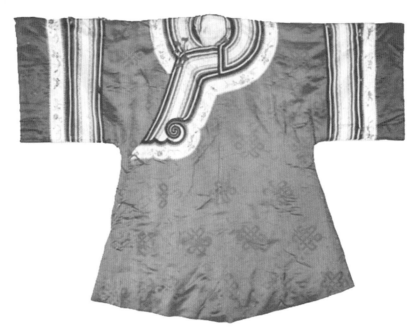

图1-99　清代贵族女子服装

（图片来源：《台湾早期民间服饰》）

（1）大挽袖：清代女装特别注重缘边的装饰。由于人们追求缘饰效果，因此改变了一些服装款式。开衩增多，衣襟、袖口发生了很大变化，使绦边增阔。《清稗类钞》[1]记载："同、光间，男女衣服务尚宽博，袖广至一尺有余。及经光绪甲午、庚子之役，外患迭乘，朝政变更，衣饰起居，因而皆改革旧制，短袍窄袖，好为武装，新奇自喜，自是而日益加甚矣"[2]。如大挽袖和多重袖，是清代服饰中特有的一种款式，是专为妇女服装装饰袖口的做法，新颖奇特，别具风格。女服的素接袖上，则另接有一截石青色饰龙纹的"花接袖"（图1-100、图1-101）。

清代大挽袖比较宽大，一般可达40厘米以上，袖长过手，不挽袖时与衣身质料、纹饰、颜色相同，当衣袖挽起时，可见袖端尺余的里子上接有与袍面不同颜色的料子，上绣与身配套的花纹，协调雅致，别具一格。图1-101就是袖口挽起来后露出来的刺绣装饰。大挽袖可变化，能折叠几层，可使里、

领貂缘
领围缘边
襟缘
花接袖
袖缘

图1-100　18~19世纪着花接袖的贵族妇
女肖像

（图片来源：美国福瑞尔博物馆）

图1-101　清代服饰挽袖翻出效果

（图片来源：*Dress in Detail Around From the World*）

[1]《清稗类钞》是清末徐珂（1869—1928）所编，他从清人、近人的文集、笔记、札记、报章、说部中，广搜博采编辑而成。记载之事，上起顺治、康熙，下迄光绪、宣统。书中涉及内容极其广泛，举凡军国大事、典章制度、社会经济、学术文化、名臣硕儒、民情风俗、古迹名胜，几乎无所不包。许多资料可补正史之不足，特别是关于社会经济、下层社会、民情风俗的资料。其中有关于衣边风俗的记载。

[2] 徐珂. 清稗类钞[M]. 北京：商务印书馆，1966.

图1-102　着多重袖的清代女子

（图片来源：《拉里贝的中国影像记录》）

面花纹同时露出，袖端的变化增添了服装的艺术效果。《中国古代服饰研究》中《清初妇女装束》中记载："女衫以二尺八寸为长，袖广尺二，外护袖以锦绣镶之（即挽袖，起于乾隆直流行到同治）"❶。在实用功能方面，它便于拆卸，可以调节穿着时袖子的长短，在审美方面，它具有装饰美观的效果。

（2）多重袖：是在袖端尺余的里面再增加几层袖。多重袖都有镶绦边，增加了缘边的宽度。图1-102中清末女子所着的袍服袖端有三层，上面两层比较肥大，刺绣装饰，最后一层与手腕接触的部分出于实用的考虑比较窄小，装饰上也仅仅是镶黑色缘边。如图1-103所示故宫博物院收藏的这件女衫，形制为圆领，大襟右衽，无开裾，平袖，袖长及肘，并镶饰多道花边。衬衣为绿色芝麻纱地，纱孔均匀通透，彩绣折枝梅花，平金绣团寿字，针法简洁，针脚平齐细密。此件最为精彩的部分是其繁复的镶饰衣边，其领、襟边为三道：石青万字曲水织金缘、石青绸绣金团寿折枝梅宽边、黄色蓝蝶绦边。袖端为七道：明黄鹤鹿花绦、石青纳纱宽边、月白色素纱边、石青绸绣折枝梅平金团寿边、万字织金缎缘、石青缎平金绣莲鹤双喜边，素石青绸缘，袖端内侧接雪青缎绣朵花绸挽袖。如此多重繁复领袖边的衬衣，将晚清宫廷以装饰繁复为美的便服衣饰理念发挥到极致❷。

❶ 沈从文. 沈从文全集：第32卷·物质文化史[M]. 太原：北岳文艺出版社，2009.

❷ 严勇，房宏俊，殷安妮. 清宫服饰图典[M]. 北京：紫禁城出版社，2010：228.

图1-103 绿纱绣折桂梅金团寿衬衣及袖口细节图

（图片来源：《清宫服饰图典》）

# 二、近代传统服装缘饰演变

清末民初处于历史朝代更迭的过渡时期，在各方面都急剧变化，政治结构、价值观念、社会风尚、文化思想等方面均产生相当程度的变动。社会风俗的变化较其他时期来的明显，其具体的承载便是服饰出现一些富有时代特性的变化。法国学者费尔南·布罗代尔（Fernand Braudelyw）认为："一部服装史包含原料、工艺、成本、文化固定性、时尚、社会等级制度等问题，而历史上服装的变化，更反映出世界各地社会变动的剧烈程度"[1]。这一观点可以反映出近代中国妇女服饰变动的多面性。

人们不仅透过服饰展现其经济资本，有些时候也表达所拥有的文化资本；服饰的变化除了有传统"改正朔、定服色"的政治含义外，在当时也是一种对现代化的认同。历史上每一次的服饰变化，都是美学、政治与文化符码的

---

[1] 费尔南·布罗代尔. 十五至十八世纪的物质文明、经济和资本主义[M]. 施康强，顾良，译. 北京：生活·读书·新知三联书店，1992：269.

体现。服饰的变迁大概可分为两种：内因与外因。内因是指社会内部风俗、宗教、政治、经济等因素，通常变化较缓慢。外因是指外族的入侵、地域性的战争等因素，通常变化较剧烈。而近代中国服饰的变迁则是外部因素居多。处在帝国晚期，甲午战争失败后的晚清，也有一股强大的"趋新"潮流，即在许多方面明显学习外国。表现在服装上，是越来越趋于紧身合体，一反中国服饰一向宽大垂长的特点，出现紧小、窄袖、细腰的新趋向❶。中国在20世纪初，五四运动以来经历了许多的变化，这一时期承接着清末，受西化冲击的社会风尚氛围影响，女性受教育程度开始迅速增加，女性的知识水平提高，就业率也逐渐上升，与以往不同的服饰穿着，成为女性表现自我的一种方式。另外20世纪前半叶，时值中国电影事业发展的上升期，女明星的穿着引领时尚，透过报纸杂志的报道，女明星的服饰成为流行的指标。到了1937年，整体社会风尚为之转变，从以往的趋新求变到俭朴实用，女性开始了身体解放的时代风潮。女子教育、女子职业、政治环境的变化与社会观念的改变，这一切的变动，虽然不是立即性的，但确实对女性的服饰产生了影响。

## （一）清晚期服装缘饰

晚清传统服饰类型变化不大，不同的是到了晚清时期，女装在缘边的装饰上达到了前所未有的精致和华丽。有的缘饰面积甚至超过了衣身本身的面积，看不到衣物本来的颜色。1924年出版的《中华全国风俗志》记载北京妇女："衣必红绿，北京庙会，旗装妇女，面部则燕支如血，衣服则文绣斑斓，举目皆是"。如图1-104所示多重花边装饰的女衫，缘边装饰所占的比重超过了衣服本身，衣身以如意云纹宽镶边、花鸟刺绣结合水竹纹、回纹的装饰图案及细绦边装饰。缘饰的色彩极为醒目，"原先作为修饰和加牢边缘的辅助工艺在这时期成了女装的重要装饰形式"❷。旗袍是满族妇女的传统服饰，剪裁简单，右衽大襟，饰以各种盘扣，直腰身，袍较宽大。袍上多绣以各种花样纹饰，领、袖、襟边、下摆都有多重缘边装饰。清末服装中缘饰的装饰以机织花边、贴边和镶绲为主。造型的手法是元素的堆砌与重复。

---

❶ 陈无我. 老上海三十年见闻录[M]. 上海：大东书局，1928：101.
❷ 吴红艳. 晚清民国女装装饰艺术研究[D]. 株洲：湖南工业大学，2009.

图1-104　多重花边装饰的女衫
（图片来源：《华西协和大学博物馆图录》）

　　清代早期因经济不发达的客观条件所限制，旗袍的风格较为窄长合身，袖口小，装饰简单朴素，款式造型封闭传统，适合骑马打猎和便利的日常生活劳动，为增加衣服的牢度，因此绲边多饰于领、襟、袖口及下摆等，较容易磨损或脱纱；除实用功能外，也兼具装饰性，能衬托出服装的轮廓，历经民族文化融合后，满族的旗袍受到汉服所影响，衣型逐渐宽阔加大，在装饰上也变得繁复起来。清代后期，旗袍与汉族服饰进一步融合，风格上有了很大的改观（图1-105），汉族的传统女衫上衣下裳为主，袖口宽大，缘饰也宽，满族女子的旗袍，造型上呈平面型，外轮廓呈长方形，袖口平直而宽大，衣服宽大平直，造型线条硬朗，衣长掩足；初期无领，只戴领约，或领子较低，后逐渐加高，之后又出现了元宝领、大挽袖等造型❶。

　　晚清时京师乃达官显宦之都，妇女承接旗俗，衣着偏保守，甚为宽阔，大红大绿，重绣饰镶，其风尚影响了各大都市，但宣统后政治破落，"人民虚

❶ 陈荣富，陈蔚如. 旗袍的造型演变与结构化研究[J]. 浙江理工大学学报（自然科学版），2007（2）：42-46.

图1-105　清末妇女的着装（大襟衫、旗袍、女衫）

（图片来源：University of Bristol收藏，《拉里贝的中国影像记录》，《晚清中国的光与影：杜德维的相册（1876—1895）》）

荣观念，较前为淡，所以不期然而咸弃京式笨大之服装，惟窄小之是尚也"❶。
1880年，上海报纸对上海人在服装上的奢华有所披露，其中以妇女在置办服装上最为奢华："妇女之奢侈更甚，妇女之衣裙先时以丝绸为之已觉甚华矣，今时则皆用密细贡缎而加以缘节，往往所缘之物，其价反贵于本身者……白凤毛之马甲，下至于娘姨大姐无不视为当然"❷。"自嘉庆年间……以江南盐商扬州为多，其作事尽事奢华也。今则竟曰洋气……布有洋布。衣裳边饰，非洋镶则鄙之；鬼子栏干，本洋货也，谓出自鬼子国，故遂名之。嘉庆间入中国，人以罕见为奇，饰于衣服。后以鬼字不吉，未便书于婚姻礼帖等，乃易之曰锯子，谓形似也。后且曰桂子、曰贵子。奇花异色，刻刻翻新，内地人且自为之"❸。

　　女便装相对比较宽博，多使用宽阔的黑色贴边形成大镶绲，如图1-106所示不论汉族的上袄下裙还是满族的袍服，均喜爱用黑色镶边形成衣的外轮廓，再用其他浅色调搭配，具有一定韵律感，显得简洁大气。满族女便装服饰相对瘦窄，更钟情于多条花边繁复的排列，但后期受汉族女便装的影响也越发宽博，奢华烦琐，带有一股贵族气息。

❶ 屈半农. 近数十年来中国各大都会男女装饰之异同[C]//清末民国初中国各大都会男女装饰论集. 台北：台湾政经研究所，1972.

❷ 上海申报馆. 申报[N]. 上海：上海申报馆，1880-3.

❸ 胡祥翰，等. 上海滩与上海人[M]. 上海：上海古籍出版社，1989：136.

### 1. 毛皮缘饰历史

皮毛蔽体，自古已有。与各类纺织品相比，兽皮的质地最为厚实，所以多被用作冬衣。在商周以前，人们还没有皮质优劣区分等第的观念，貂狐羔鼠，全凭所好。《礼记·玉藻》："君衣狐白裘，锦衣以裼之"。郑玄注："天子狐白之上衣，皮弁服与？"按皮弁服上衣白色，故冬日服狐白裘。又《玉藻》："君子狐青裘，豹褒，玄绡衣以裼之"。君子指大夫、士，服狐青色裘，而以豹皮缘袖口。

### 2. 裘皮饰边

裘皮饰边的运用主要集中在清代。朝鲜人申忠一《建州纪程图录》一书对努尔哈赤的穿着有具体、完整的记载："头戴貂皮帽、貂皮护项，身穿五彩龙纹天盖，上长至膝，下长至足，皆裁貂皮为缘饰。诸将亦有穿龙纹者，只其缘饰或以豹皮，或以水獭，或以山鼠皮"❶。清代宫廷服饰大部分都加镶边或绲边，尤其是冬朝服、在冬季皆以毛皮为衣。在《大清会典》中，描述清代皇帝的冬朝服，就是衣裳相连的长袍，并以毛皮为缘饰，缘饰就是按规定用貂皮或海龙皮剪裁成二寸宽的毛皮条，毛朝外镶嵌在朝服的缘边上作为缘

图1-106　黑色镶绲缘边穿着图

（图片来源：《俄国科学贸易考察团的中国之旅》,《拉里贝的中国影像记录》,《北清大观》）

---

❶ 申忠一. 建州纪程图录[M]. 台北：台联国风出版社，1970：22-23.

饰❶。它的形式有两种：一是翻毛皮边，是将皮镶于衣边的面料上。这种装饰，皮毛露在外的面积大，显得富丽、华贵❷。另一种是出锋。

（1）翻毛皮边：皇帝朝服在清初时，其服饰制度尚不完备，因此朝袍的形式、纹饰以及颜色都未加以制定。直到乾隆时期冠服制度的规定才渐趋完备。

清代的朝袍继承明制，采取上衣下裳的形式。皇帝的冬朝服有两种形式，一种用明黄，为祀天用蓝、朝日用红，夕月用月白。披领及袖皆石青，缘用片金，冬加海龙皮缘。另一种为十一月朔至上元时，则披领及裳俱表以紫貂、袖端熏貂为之❸。朝服为皇帝礼服，妆花缎或绸缎的刺绣龙纹可以显现皇帝的威仪，因此毛皮仅能作为披领、马蹄袖、端或下裳镶边的部分❹。

清宫廷一年四季按照时节季令来更换衣服，每年春季换夹朝衣，秋季用缘皮朝衣；定九月十五日或者二十五日御冬朝冠服，十一月朔至上元冠用黑狐，服用海龙缘并表面加紫貂，袖端熏貂并穿端罩，三月十五日或二十五日御穿夏朝服❺。

清代宫廷的服装中，按规定饰以各种缘饰。不同季节朝服的袍身、披领及袖端的边饰不同：春秋两季用石青地织金缎或织金绸镶边。夏季则用石青纱描金缠枝花边。冬季除用织金缎（又称片金）镶边外，再加海龙皮边，见表1-11。

表1-11　皇帝大臣冬朝服所使用毛皮缘饰种类

| | 毛皮种类 | 使用部分 | 使用颜色 | 使用时间 |
|---|---|---|---|---|
| 皇帝 | 海龙皮 | 披领 | 石青色 | 立冬前 |
| | 紫貂 | 披领、裳 | 棕黑色 | 十一月朔至上元 |
| | 熏貂 | 马蹄袖端 | 黄黑色 | |
| 皇子 | 海龙皮 | 披领、袖 | 石青色 | 十一月朔至上元 |
| | 紫貂 | 披领、裳 | 金黄色 | |
| | 熏貂 | 马蹄袖端 | 黄黑色 | |
| 民公、侯、伯 | 海龙皮 | 作为缘饰 | 蓝色、石青色 | 立冬前 |
| | 紫貂 | 披领、裳 | 棕黑色 | 十一月朔至上元 |
| | 熏貂 | 马蹄袖端 | 黄黑色 | |

注　根据《皇朝礼器图式》一书整理。

---

❶ 王云英. 从努尔哈赤在老城的穿戴谈起[J]. 满族研究，1997（4）：63-65.
❷ 严勇，房宏俊，殷安妮. 清宫服饰图典[M]. 北京：紫禁城出版社，2010：250.
❸ 赵尔巽，等. 清史稿[M]. 北京：中华书局，1976.
❹ 赖惠敏. 乾隆朝内务府的皮货买卖或京城时尚[J]. 故宫学术季刊，2003，21（1）：116.
❺ 冯秋雁. 清代宫廷衣饰皮毛习俗和发展[J]. 满族研究，2003（3）：82.

片金加海龙缘是清代宫廷帝后及重要官员朝服的专用缘饰。片金一般指的是织金石青缎或石青绸，海龙皮指的是一种未拔针的獭皮。"片金缘是以片金织物制成的缘边，通常镶绲在冠服四周，以增强冠服的装饰效果，其宽窄不等，宽者达10厘米，窄者仅2厘米"[1]。片金加海龙缘指的是，织金石青缎或织金石青绸绲边再加上獭皮边，形成衣饰的缘边。

织金绸缎和贵重皮毛是宫廷服饰的主要装饰，它显示了帝王家的气派。由于金的珍贵，除帝王服饰大量用金外，一般衣服只将纹饰轮廓织金或镶边使用，片金加海龙缘主要以金线织成纹饰，运用在衣服最醒目的领、襟、袖等处，突出了金光闪闪的装饰作用，使之更加富丽堂皇[2]。

女朝服为宫中女眷及命妇在朝会、祭祀时所穿的圆领、马蹄袖、披领右衽紧身窄袖礼袍。女朝服与男朝服一样，也尊卑有序、上下有别的规定，其制为冬、夏两种。皇太后、皇后、皇贵妃、妃、嫔的冬朝服制度有三种，一是披领及袖皆石青色，袍边与肩上下朝褂处均镶片金加貂皮缘。二是披领及袖皆石青色，袍边以及肩上下朝褂处全镶片金加海龙皮缘。三是披领及袖为石青色，袍边及肩上下处亦镶片金加海龙皮缘。而福晋、公主、郡主、淑人、夫人、三品命妇的冬朝袍形制只有一种，其袍领及袖皆为石青色，袍边和肩上下朝褂处亦镶片金加海龙皮缘[3]。皇后与贵妃、嫔及皇太子妃所用的缘饰材料是一样的，其差别在于袍身颜色不同，皇后为明黄、贵妃为金黄、嫔妃为香色、皇太子妃为杏黄，见表1-12。

表1-12　后妃服饰使用毛皮缘饰种类

| 服饰种类 | 使用位置 | 毛皮种类 | 使用颜色 |
|---|---|---|---|
| 冬朝袍 | 披领及袖 | 片金加貂缘 | 石青色 |
|  | 披领及袖 | 片金加海龙缘 | 石青色 |
| 夏朝袍 | 披领及袖 | 片金缘 | 石青色 |
| 冬朝裙 | 裙摆 | 片金加海龙缘 | 石青色 |
| 夏朝裙 | 裙摆 | 片金缘 | 石青色 |
| 吉服袍、褂 | 披领及袖 | 以皮为之 | 石青色 |

注　根据《皇朝礼器图式》一书整理。

❶ 周汛，高春明. 中国衣冠服饰大辞典[M]. 上海：上海辞书出版社，1996：12.
❷ 张汉杰，冯秋雁. 盛京皇宫杂录[M]. 沈阳：辽宁民族出版社，2007：8.
❸ 赵尔巽，等. 清史稿[M]. 北京：中华书局，1976.

故宫博物院馆藏的石青色缎绣八十一条龙夹朝褂是清代皇后礼服（图1-107）。圆领，对襟，无袖。裾后开，饰背云，坎肩式，胸以下分两段为襞积式，分绣三段并排立龙，左右相向，前后相同。通身饰片金缘。缀铜鎏金錾花扣一枚，珊瑚扣四枚。大红色夔龙暗花缎里。朝褂用石青色缎为面料，平金彩绣云龙纹。其中两肩前后各绣大升龙二，襞积叠褶处各绣金龙一，后背正中绣升龙一，通身共绣金龙八十一条，是清代皇后朝褂中绣金龙最多的一式。此褂构图饱满，图案别致，襞积规矩整齐，平金线匀细，针脚平齐均匀，通身金碧辉煌，彰显出皇家服饰的气派和豪华❶。

不过，在乾隆时期内务府大量变卖毛皮，朝廷也逐渐放宽穿着的地位限制。宫廷大量制作毛皮服饰，其款式也流传到京师，形成一股仿效的风气。因此，晚明时在服饰流行时尚方面，扮演重要角色的士大夫，在清代以后的重要性已不如从前，取而代之领导流行时尚的是清代的宫廷。

图1-107　石青色缎绣八十一条龙夹朝褂

（图片来源：《清宫服饰图典》）

---

❶ 严勇，房宏俊，殷安妮. 清宫服饰图典[M]. 北京：紫禁城出版社，2010：36.

（2）出锋："出锋"，也称"出风"。出锋是将皮板镶于衣里，衣服镶边的毛皮长出衣边1～3厘米，而将毛露于衣外。这在当时是一种时髦的点缀，一般是将皮板镶于衣，出锋装饰当时颇为流行，民间也争相效仿，贫者衣里没有皮毛，只能在襟、摆、袖处镶皮毛。在衣服的缘边镶毛皮使其毛长于衣服，而毛皮露出于衣服的外边者，称为所谓的"出锋"。这是清代特有的一种装饰。由于满族是狩猎民族，常年在外作业，利用狩猎获来的皮毛制成衣服或装点衣饰，以起到防寒和美观的效果。皇太极时期在天聪六年更定衣服制度时记载"凡诸贝勒大臣等—衣服许缘出锋毛"❶。

入关后，历代皇帝将这种用毛皮做袍服缘饰的做法，渐渐纳入《会典》，作为清朝官服的一种规定。这种整片皮毛，加之"出锋"装饰出的特殊效果，显得雍容华贵。图1-108这件皇帝的朝服使用的是整片的貂皮。官员与贵族女子所着服饰只有在缘边作出锋处理（图1-109）。只缘其边缘的原因，《清稗类钞》一书《衣缘皮》中有记载："广州地近温带，气候常暖，所谓四时皆是夏，一雨便成秋也。极冷时，仅需衣棉。光、宣间则稍寒，亦有降雪之时。然官界为彰身饰观计，每至冬季，则按时以各种兽皮缘于衣之四围，自珠羔至于貂狐，逐次易之，俨如他省之换季然"❷。

 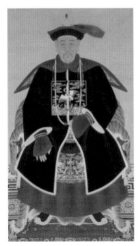

图1-108　镶貂皮冬朝服　　　　　　图1-109　官员、贵族女子出锋服饰图
（图片来源：美国福瑞尔博物馆藏）　　　（图片来源：美国福瑞尔博物馆藏）

❶ 金梁. 汉译满洲老档拾零[J]. 故宫周刊, 1932（316）.
❷ 徐珂. 清稗类钞[M]. 商务印书馆, 1966: 45.

这种出锋的服饰点缀法成为一种时髦的象征，此种出锋的缝制技巧也传到民间，许多富商大贾也竞相仿效，显示其身份地位以及消费能力，把色泽美好，价值高的毛皮向外显示于世人，带有炫耀的心态。其背后所隐含的意义是社会阶级的分化，因为敢将所穿毛皮之毛露于外显于人的，其毛皮一定非常昂贵，才愿意将毛皮显露出来。于是，购买此类出锋皮裘的人，利用消费的品位与格调来区分社会地位，消费成了社会分层化与阶级区分的象征。中国南方的冬季本可以不穿皮衣，但依然也可发现在衣服的缘边上加以出锋的现象。

除了镶边、出锋的缝制技术外，还有另一项毛皮缝制的技术称为"翻毛"。这是清代的上层社会为了显示其地位之尊贵与服饰之美观，将价值高昂的毛皮向外穿着，翻皮成衣成为外褂。翻毛皮外褂分为两种，一为皮外褂样式较长至膝者，称为端罩；一为短款齐腰，则称为马褂。翻毛皮马褂，在乾隆年间才出现，至嘉庆皇帝时，翻毛皮马褂则成为民间毛皮服饰的时尚指标，在冬季时几乎无人不穿，盛行一时❶。翻毛皮衣要求整片毛皮的质料要好、颜色纯正，并带有光泽，必须经过工匠的细心缝制才可成衣，其价值之高可以想象。

清代毛皮制作的精巧，所需耗费的工匠人数众多，其缝制毛皮服饰的技术烦琐，从满人未入关前的习皮裘风气开始，从起先粗糙的毛皮服饰到入关后结合汉人在缝制技术上的熟练精巧，将毛皮服饰的美观性实用性，甚至是满足自我炫耀的心理态度，都结合起来，皇室宫廷人士不仅喜爱穿着，并且也将毛皮的价值高低纳入缝制技巧内，以表达其地位之尊贵。

民间尚裘风气蔚然成风，宫廷的毛皮服用方式与技术随着工匠的向外传播，而使得坊间的模仿风气越来越盛，观人冬季衣着可知其贫富也可表达此时民间尚裘的情况，增加了服饰的多样性与丰富性。徐扬的《姑苏繁华图》中，可以看见皮货行的出现，就可知道清代社会尚裘之风的盛行情况。《扬州画舫录》卷九："女衫以二尺八寸为长，袖广尺二，外护袖以锦绣镶之，冬则用貂狐之类❷。就连时至清末战火蔓延的时局中，人们仍然不减对于皮裘服饰的喜爱："近兵燹残破，稍稍复古矣。然轻纯绮毅，丰狐大貂，妇女锦绣饰缘，

❶ 冯秋雁. 清代宫廷衣饰皮毛习俗和发展[J]. 满族研究，2003（3）：84.
❷ 李斗. 扬州画舫录插图本[M]. 北京：中华书局，2007：130.

值过其材"❶。图1-110中官员所着服饰即有出锋装饰与袖口处毛皮缘边。

　　光绪年间的这件皮马褂，在领部有出锋装饰，领围、袖口、门襟与下摆饰有镶福寿字貂皮边，是具有典型清宫装饰特色的服饰之一（图1-111）。

图1-110　着毛皮出锋服饰的官员

（图片来源：《拉里贝的中国影像》,《中国人与中国人影像》）

图1-111　镶福寿字貂皮边

（图片来源：《清宫服饰图典》）

---

❶ 王锡祺. 小方壶斋舆地丛钞[M]. 杭州：杭州古籍书店，1985：131.

## （二）民国时期服装缘饰变化

　　传统服饰的产生、形成乃至消失都是有其历史的、文化的基础和原因。既然服饰可以当作一种辨别身份等级的工具，通常到了帝国晚期在政治松动的情况下，服饰即呈现相当大的变化。城市的生活形态引领着中国的部分发达地区，而服饰风尚的转换则是最为显著而普及的现象。普遍物质消费能力的提升、身份等级的僭越、传统观念的淡化、商品经济的繁荣、新市镇的萌生与城市的迅速扩大等种种原因，又进一步推动工商业的发展。此情况导致社会经济结构的调整，连带影响人们生活方式、思想观念、心理意识皆产生变化，新的社会风尚产生❶。自民国以来，工业文明和西方文化的强势，导致传统文化土地上的服饰形态也正在生活中悄悄地退却。这种退却是正常的，也是非正常的。在清末民初社会变迁过程中，传统社会在生活方式、生产力和思维模式等方面受到连续性的震荡，并带有显著性的变化。1911年辛亥革命废除帝制建立民国，其外交的扩展为中西风俗的融合提供了较开阔的时代背景，提供了社会加速变迁的条件，社会风气逐渐开化，自由、民主、平等等观念深入人心，辛亥革命的成功对女性服饰所带来的影响在于打破了阶级意识和等级观念，消除了满汉区别。政治的变化、教育的普及、思想的改变均使中国人对穿着打扮的观念更开放，实践力也更强、更勇于尝试新的装束。西式风格的着装就是在这时应运而生的。1919年五四新文化运动的浪潮打破了旧的思想观念，废除了缠足等封建礼制。呈现出以下几个特征。

### 1. 去装饰

　　旧的社会风气被摒弃，新的社会风尚尚未完全形成，新旧交替之际，女性对于美的追求与表达有了更大的空间。各式新潮打扮蔚然成风，由于大批留洋学生回国，中国城市里开始流行"文明新装"，由接受过新式教育的女性率先穿着，"文明新装"的第一个特点都是"去装饰"，不仅去掉身体上的首饰，也要去掉衣服上的纹饰，以素朴作为文明的新标志。

　　1919年前后，受五四运动启蒙与洗礼，女性追求解放，向往自由、平

---

❶ 郑扬馨. 晚明苏州服俗变迁与经济发展的关系[J]. 政大史粹, 2006（11）: 55-86.

等，在装束上摒弃女性服饰装扮，认同男性以达到平等。民国初年旗袍明显带有旗女之袍的痕迹，袍身宽松，减少了以前那些繁复的镶嵌刺绣的工艺，最多在袖口和下摆处镶一、二道窄窄的花边，两侧开衩的运用，使平面性很强的服装具有了一定的功能性，之后旗袍的袍身逐渐变得合体，大袖开始缩小，下摆逐步往上提升。20年代初，旗袍的式样与清末还没有很大差别，宽大、平直，但袖口逐渐缩小，露出手腕，长度到脚踝。绲边也比以前简练许多。整体风格趋于简约、素雅，甚至无装饰。《海上风俗大观》中记载了20年代初妇女服饰的情形："衣则短不遮臂，袖大盈尺，腰细如竿，且无领，致头长如鹤。裤亦短不及膝，裤管之大，如下田农夫。胫上御长管丝袜，肤色隐隐……今则衣服之制又为一变，裤管较前更巨，长已没足，衣短及腰"❶。

由上海商务印书馆发行的《妇女杂志》在1921年举办了一次《女子服装的改良》全国有奖征文活动。入选的文章不约而同地抨击民国以来乱世乱穿衣的各种服饰怪现象，而一致主张以朴素、简单、健康、卫生为女子服装设计上的首要考虑，异口同声地反装饰、反奢华。"衣服所以章身也，不必艳服盛装，然后始可保持健康，发生美感。近年以来，我国中诸姑姊妹，不于教育上求智能之发展，于经济上树独立之根基，于社会上发挥本能，作种种有益人群之事业；乃独于装饰一道，则穷奢极侈，踵事增华，费有用之金钱，为奇异之装束，亦何怪男子视妇女为玩物哉？"❷中国时尚现代性与西方时尚现代性一样，都强调以"去装饰"作为新时代、新思潮的表征，废除一切象征贵族传统、封建制度的奢华繁复，创造朴素简便的新服饰，旗袍流行窄的细边装饰（图1-112）。"文明新装"虽是上袄下裙的装束，但在装饰上力求简洁，为了适应生活环境的变化和工作的需要，宽大的衣袍、烦琐的装饰和工艺逐渐被摒弃，采用了简洁的窄绲边、盘花扣装饰服饰。"阑干"与阔绲条过了时，单剩下一条极窄的。扁的是"韭菜边"，圆的是"灯草边"，又称"线香绲"。袄子有"三镶三绲""五镶五绲""七镶七绲"之别，镶绲之外，下摆与大襟上还闪烁着水钻盘的梅花，菊花。袖上另钉着名为"阑干"的丝质花边，宽约七

❶ 姜水居士. 海上风俗大观[M]. 上海：上海档案馆，1920.

❷ 庄开伯. 女子服装的改良[J]. 妇女杂志，1921（9）.

图1-112 去装饰的旗袍与缘饰效果

（图片来源：《永安月刊》）

寸，挖空镂出福寿字样❶。这时，服装满身镶绲，遍体阑干的特色已不再了，过去所炫耀奇工巧匠的"三镶三绲""五镶五绲""七镶七绲"，甚至"十八镶"等都不复存在。那些重重的阔栏杆，都给一条简单的窄边所取代。更为合体简洁的新装与宽阔的大花边并不搭配，破坏美学上的平衡。

《更衣记》中描述："衣领矮了，袍身短了，装饰性质的镶滚也免了，改用盘花钮扣来代替，不久连钮扣也被摒弃了，改用揿钮。总之，这笔账完全是减法—所有的点缀品，无论有用没用，一概剔去"❷。

图1-113服装形制是根据江南大学民间服饰传习馆收藏实物绘制，从中可以看出从清末到民国女装形制由宽大到窄小，缘饰装饰从复杂到简单的变化。

### 2. 开衩袖设计

旗袍在袖口处局部西化处理成开衩袖口，袖口裁剪成开衩的式样，让女子的手部活动更为便利，关于衣袖做开衩的设计，1931年的《玲珑》图画杂志第1卷第27期中《初秋新装》里提到："剪料时便省了一付接袖，但是过分的窄，到底手臂感着不方便，这里想出了一条

---

❶ 赵连赏. 服饰史话[M]. 北京：中国大百科全书出版社，2000.
❷ 张爱玲. 流言[M]. 北京：北京十月文艺出版社，2012.

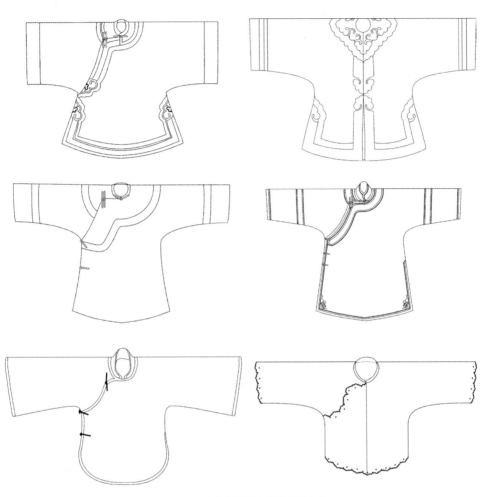

图1-113　清末到民国女装形制的变化

补救的法则就是把袖子开一条圆缺口，非但解决了束缚，并且从这缺口里，露出臂上的肉来，尤觉新美。同时下摆也剪成大圆角，便上下一致，这是新秋新装界贡献之一"[1]。图1-114中女子所穿着的这两件旗袍，服饰衣领和袖口如意纹为中国元素，服饰剪裁设计完全仿照西方服装，袖口开衩设计与如意完美的融合。在肩上与腰际，用了像丝绸般的布料做成花朵形状，有了现代服装设计的雏形。

---

[1] 上海时装研究社. 初秋新装[J]. 玲珑，1931.

图1-114　西式开衩袖与如意的结合

（图片来源：《老月份牌》，《中国近代广告文化》）

　　20世纪30年代随着西风东渐，旗袍整体外观改变之外，领、袖、襟的式样也随着流行有所变化，此时大放异彩，进入辉煌时期。旗袍的种类显著增多呈现出领小、袖小、下摆变化的发展趋势。先是时兴低领，继而流行高领，即使在盛夏酷暑，薄如蝉翼的旗袍仍必须配上高耸及耳的硬领，以示时髦。1928年于上海大华饭店的慈善舞会，许多名媛嘉宾都身穿旗袍出席宴会："我国女士参加者，有郭安慈服黑缎绣红花新式旗袍；萧嘉丽服粉红缎丹凤片子花旗袍；颜雅清服全件织金丝线新式披肩；萧嘉云服连灰缎伏龙吐珠片子花新式旗袍；李爱莲服伞形织金线银丝纱钉三角片子旗袍、手执雀毛扇；萧嘉珍服全片子密云新式旗袍；暂定时（由某女士代）服粉红缎钉片子孔雀新式旗袍；及某女士服黑丝绒金边新式旗袍" ❶。

　　30年代末期，改良旗袍加入了更多西式剪裁方法，衣片中出现了省道，还加入胸省、腰省，使其更加合体。欧美流行元素拉链、小按扣、垫肩，还有各种新颖纺织品面料、穿在旗袍里面的透明镂空织品，都为其增加新的元素。摒弃繁复的装饰，施以窄的绲边，显示出一种活力、自由、更具现代感的视觉感受。

---

❶ 作者不详. 大华饭店昨晚慈善跳舞会中华时装来宾尤见特色[N]. 申报，1928-10-25（15）.

### 3. 荷叶边袖

到了民国也有类似的形制出现，结合西式的服饰面料，荷叶边的装饰重新出现在这一时期的女装中。1912年7月《申报》中《纳凉闲谈》中记载："时下女子新装，领高四五寸，用荷叶边镶成喇叭口式，袖短仅及半臂，亦用荷叶边镶成喇叭口式，其他衫之周围，裙之底下皆用荷叶边镶成喇叭口式，吾不解女子身上何用如许喇叭口之多也"❶。图1-115是1920年杭穉英为香港天寿堂药行所制月份牌，两位女子的旗袍袖为倒大袖。右边女子与左边女子的旗袍最大不同之处在于衣袖剪裁的使用，袖口缘饰部位采用荷叶边的形式，比较新颖。

图1-115　民国着荷叶边袖缘的女子
（图片来源：《老月份牌》）

### 4. 薄纱材质

中国传统观念中，身体不能随意裸露，总是将女子身体用衣物包得密不透风，不得露出一寸皮肤。时代的变换、思想的更新，上海随着开埠通商，对于服饰穿着想法上受到大量的西方观念的影响。旗袍在清末民初之时，款式有很大的改变，女性开始喜好露出玉臂与美腿，但是对于布料上仍是以不透明为主。至20世纪30年代前后，女性开始喜欢穿着轻薄的衣服，她们摆脱了禁锢自己身体的服装，开始用服饰来凸显女性特有的身体曲线。1932年的《申报》提到："拿现在夏天的制衣材料而论，大概摩登化的妇女，都用一种薄如蝉翼的纱绸，是类纱绸，来自欧美，价值奇昂，制成衣服，果然轻似雾谷，凉爽异常"❷。

图1-116这件半透明薄纱材质制成的倒大袖女衫，衣领、衣袖、裙摆开

---

❶ 上海申报馆. 纳凉闲谈[N]. 申报，1912-7-29.
❷ 警愚. 改良社会讨论会—改良妇女服装之建议[N]. 申报，1932-9-17.

第一章　中国传统服装缘饰发展　／　097

图1-116　薄纱材质的倒大袖女衫

（图片来源：江南大学民间服饰传习馆藏）

祄处缘边织带与衣服上的刺绣图纹为同一样式的花朵，服装搭配和谐，整体看起来极具中国味道且简洁，所呈现的整体效果精致。图1-117和图1-118是月份牌中的旗袍女子形象，在袖口部分和下摆部分以类似薄纱材质作装饰，使整件服饰有飘逸、轻快的感觉。

　　进入40年代，旗袍样式依然不断地在变化。由于连年战争，社会生活和经济发展受到很大影响，经济萧条、物资匮乏、物价飞涨，人们无心在服装上下过多的功夫，社会各界提倡"旧衣运动"，旗袍的式样趋向简约。旗袍的衣摆、衣袖大大缩短，长度也缩短至小腿中部，有的短至膝盖处。开祄逐渐升高，衣领变低，有的甚至全部去掉，袖子也由原本的宽松变得细长。在夏季，袖长逐渐变短，有的甚至将袖子取消，变成无袖。这个时期多用条

图1-117　薄纱缘边装饰的旗袍图

（图片来源：《图画晨报》）

纹、格子以及印花的面料，装饰上崇尚质朴淡雅，省去烦琐的镶绲装饰，使其更为轻便适体。

图1-118　着薄纱材质旗袍女子形象

（图片来源：《图画晨报》）

衣缘上镶着细细的花边作为点缀，加上质地轻柔的面料，透露出一股清新淡雅之气。很快被城市女性所接受，而镶绲工艺的成熟，也为服饰装饰手段的简化提供了技术支持。民国后装饰形式日趋精简单纯，主要集中在大襟、袖口等部位。大襟装饰主要从前领口开始沿大襟镶绲至腋下，装饰织带材质大多为丝或棉质提花织带，宽度为1～12.5厘米，袖口装饰与襟头镶绲及织带用色与材质相呼应。"工艺上的精湛和复合材质的构成，各种立体刺绣工艺尽展特色，在有限的区域内构造了无限的精彩" ❶。

### 5. 西式服装缘边

辛亥革命成功后，女性着装快速的西化，自然、简约、美观成为新的审美标准。图1-119是当时杂志上刊登的女性着装形象，有西式风格在其中，缘边也是作为装饰出现。女性在不着裙时有了裤装，上衣下裙与上衣下裤成了女子时兴的装束。在女学生出现之后，对于其制服问题，一直有舆论微词，认为"今日中国女子之服制，诚为不可思议之现象，裙长覆足，服短于股，匪独制度之不相合，即仪表上亦不雅也"。认为"男子衣宜短，女子服宜长。欲倡女权，以矫习俗，必自改良服制始" ❷。1906年，社会各界开始讨论女生制服问题，并举行征文比赛且表达出长服的形式是最理想的女学生制服。1910年又举行了第二次征文比赛，这次以"世界服制以满州为最适，而女子服制尤得平等之意，试叙其理"。此时人们认为"满州女子"的服饰为制服最

❶ 陈无我. 老上海三十年见闻录[M]. 上海：大东书局，1928：101.

❷ 作者不详. 矫时篇[N]. 大公报，1906-8-13.

图1-119 西式服装缘边

（图片来源：《图画晨报》）

佳，最能体现男女平等。同年，学部正式颁布了《女学服色章程》，规定所有
在校学者都必须穿校服："女学生制服为长衫，长度必须过膝，长裙下缘离地
约二寸，不许开衩，袖口及衣襟均加衣缘，以一寸为原则，同时规定不得缠
足，不得簪花傅粉、被发及以发覆额，不得仿效东西洋装束" ❶。

甲午战争后，清政府放松了对民间资本投资机械工业的限制，民族机器
工业在棉纺织业中获得了显著发展，而这也为机织花边的大量生产奠定了基
础。清代末期，机器制造的花边开始在我国大量地生产，无论是花色品种还
是在服饰的使用上都达到了高峰。这一时期面料辅料种类丰富，1949年青岛
同业公会所记载的面料种类有如下几类：染织部门，真色伏绸、条布、白坯
哔叽、白坯哈叽布、麻纱、灯芯呢、面袋布、提花呢、华达呢、派力司、白

---

❶ 作者不详. 学部奏遵拟女学服色章程折[N]. 大公报，1910-1-20.

贡呢、格布、凤尾布、丝光线礼服呢、罗缎、羽；染色部门，元青细布、安尼林元青、硫化蓝布、海昌蓝布、阴丹士林布、硫化灰布、纳富妥紫布、元青哈叽布、元青粗斜纹布、杂色士林比及布、丝光杂色士林建呢、直接杂色时代布；丝织部门，天香绢（经真丝，纬人造丝）、交织锦缎、麻缎、人丝绸、电光纯麻[1]。

上海的机械化丝绸生产，让制作服饰的原料—丝绸，产出速度增快，衣料获取迅速，得以充裕大量制造替换速率快速的服饰。加上洋商、华商林立，对外贸易繁盛，经济充裕的人口数量众多，这是形成服装式样变化快，淘汰速度高的原因。而上海身处于江南服饰生产关系密切的网络中，即丝织、手工业、成衣工业及商业贸易繁盛的关系网中，有充分的衣料供给，原料取得相对较快速，专业的机械化工厂也多，这些因素均有助于时装产业的发展。"妇人时装，为吾人所常见，惟裁制时装之丝绉绸缎之来历，知者甚少……嘉兴纬成丝厂为全国三大绢丝厂之一。开办最早，纬成又分为庆记鹤记两厂，合计有职工一千五百余人，有锭子六万四千余，内部全系机械工程，规模极大。每日能出货十余担"[2]。到抗战前夕，上海丝绸工业已发展到480家，拥有织机7200台，占全国织机总数72%。在此同时，纺织业、丝绸炼染业和印花业也发展起来，成为生产技术领先全国的丝绸中心[3]。近代纺织业的发展为缘饰材料提供了更多选择，简化了烦琐的装饰。

### 6. 服装闭合系统的变化

中国服饰门襟上传统的闭合方式是由布性材料的系带发展而来的。由纽襻和纽子组成盘扣。一直到元代才有真正意义的非布性的纽扣，在明代非对襟的服饰中，纽扣与绳带的组合使用比较常见。民国期间的各种不同扣饰的使用，丰富了服装的样式。

1930年出版的《今代妇女》杂志有一篇介绍纽扣分类的文章，其中提到了由西洋传入的撳纽由白铜制作，小而精巧，适合儿童衣物使用（图1-120）。还特意强调男子西装衬衣袖子上的纽扣，在巴黎纽约，已经通用到了女子服

❶ 青岛档案馆. 临全宗号：21[A]目录号：3，案卷号：828.
❷ 作者不详. 时装的来历[J]. 良友，1935（1）22-23.
❸ 上海丝绸志编纂委员会. 上海丝绸志[M]. 上海：上海社会科学院出版社，1998.

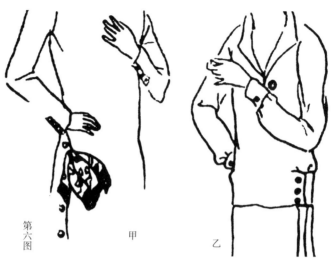

图1-120　新式女子服装纽扣的使用

（图片来源：《今代妇女》）

装上衣的长袖上，因为袖子位置上的扣子，很细很小，穿时很麻烦，所以流行在袖子末端开一条缝，钉三个纽扣，穿时可以解开，还特意强调用的是男士服装上的纽扣，很是新颖实用。现在我们习以为常的服饰配件，在20世纪30年代是一种创新，一种潮流。可见服饰在历史长河中一步步的发展变化不是一蹴而就的。图1-121这件刺绣女衫，基本还是传统样式，但采用了揿纽来代替布制的盘扣，衣服边缘采用花纹装饰，与衣服刺绣色彩搭配，整件服饰和谐统一。

　　盘扣数量的变化，在《玲珑》第6卷第40期有此描述："在从前颈部纽扣纽攀二至三档，自襟至摆再加十一至十三档，现在则颈部纽扣仍旧，底下则大大不同，用揿扣七粒代替。故裁制方面，亦颇别致"❶。

　　1943年的《女声》杂志有一篇文章《简约时期的春装》介绍了几种揿纽的使用，方法1是领部，领子的部分里面接触脖颈，外面接触头发，非常容易脏，如果在制作衣服的时候，同时做两条领子，图1-122左下角所示领子下端部分安上一圈揿纽，可以随时拆下使用，保证卫生的同时还很时尚，不失为一种解决方法。方法2是袖子的改良，过短的袖子在春天有点不合时宜，因此

❶ 作者不详. 最新式的旗袍式样[J]. 玲珑，1936，6（40）：31.

有些人就尽量将袖子加长加大，这种款式应该就是类似倒大袖的效果。但太大太小都阻碍活动，折中方式是把袖臂外侧剪开，如图1-122所示右上角示意图，然后保留原有形状缝合，在开口端用一排扣纽合。方法3是可替换的衬里，是把衣服的里层和衬里的外层各钉若干揿纽，如图1-122右下角所示，无论什么颜色的衣服，加上衬里后都可以出门，因此衬里最好找百搭的颜色，

图1-121　扣合方式的变化—揿纽的使用

（图片来源：江南大学民间服饰传习馆藏）

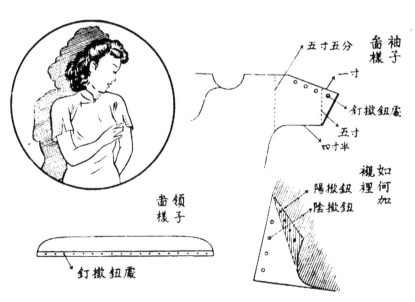

图1-122　暗扣在近代旗袍中的运用

（图片来源：《女声》）

图1-123 布包扣的运用

（图片来源：《永安月刊》）

如灰色之类。另外，包扣的运用在这一时期也比较常用，即采用同色系或与旗袍衣身相同的面料制作纽扣，使服饰完整统一（图1-123）。

民国时期30~40年代的旗袍，慢慢用暗扣取代了传统的盘扣。如图1-124所示，整件服饰上没有任何装饰，却有了收腰、收省的结构处理，更加强调人体曲线。藏与露之间反映了设计思想的变革。由对衣的关注改为对人的关注，使得衣更好的衬托人。

图1-124 收腰、省处理的旗袍

（图片来源：江南大学民间服饰传习馆藏）

自从西式洋装传入中国后，合体贴身的西式服装同样也吸引了民国时期的女性，促进了衣着观念的变化。以往宽大的衣装逐渐收小，袖子也缩短，衣服上虽仍有镶绣，但其装饰花纹也趋向简洁，色调越发淡雅。

早期传统的绣花袄衣身长而宽敞，袖子宽度很大，同时装饰复杂，表现在装饰花边宽阔、镶绲花边层次多，工艺手法丰富包括镶、绲、荡、嵌、绣花的结合运用；而后期的绣花袄在围度上变化很大，衣身变窄，衣长和袖长也相应变短，装饰要更加简洁。而且领子的高度受西式服装的影响也有所增加。

思想观念上的改变必然会影响到人们的社会生活行为，由此，人们着装观念、着装方式、审美观念等方面在新式教育等因素的推动下悄然发生了变化，中国社会变革的服饰交流是必然的趋势。

（1）改良式旗袍：旗袍于民国初期（1912～1937年）受到西方潮流影响，于剪裁与制作方面开始强调曲线美，改变长久以来妇女袍服型式上的审美观，旗袍不仅凸显了女性身材的婀娜多姿，更流露着婉约的气质，此时的旗袍特质已受到欧美人士的青睐，民国后期的改良式旗袍有着旺盛的生命力，不断地创新变化。刚诞生的民国旗袍明显带有旗女之袍的痕迹，袍身宽松，略显倒大形，减少了以前那些繁复的镶嵌绲绣的工艺，最多在袖口和下摆处镶一、二道窄窄的花边。两侧开衩的运用，使平面性很强的服装具有了一定的功能性。

被称作"China Dress"的旗袍，受西式服装工艺与审美观念的影响后，将传统旗袍的平面结构改变为立体结构，增加胸褶与腰褶，使服装更加合身，此时旗袍有两大特色：一是中西合璧，二为变化多端；从约民国三十五年（20世纪40年代）开始，妇女旗袍有重大改革，在胸部左右侧开胸褶，隐约增加胸部的丰满感。约民国四十年（20世纪50年代初），又有前腰褶，使胸部呈丰满感。之后后腰褶出现，更增加了腰身曲线，约民国五十五年（20世纪60年代中期）又出现袖窿褶。此时期妇女旗袍仿自西方时装，特别重视线条玲珑与腰身的剪裁。旗袍成为我国妇女最普遍穿着的服装，无论是日常生活或社交场合，妇女们均穿着旗袍，往后更出现了短袖、曲线、贴身、开高衩的改良式旗袍（图1-125）。

图1-125　传统旗袍的改良

（图片来源:《玲珑》,《图画晨报》）

（2）民国时期的毛皮类缘边装饰：民国时期，上海冬季时装大衣流行在衣领、下摆、袖口等处镶嵌皮毛。如1935年，流行的皮镶领大衣就有"黑呢羊狐领缎里女大衣，棕色呢羊獭皮领缎里女大衣，真墨龙皮领缎里女大衣，阿抛生皮领缎里女大衣，司康克皮领缎里女大衣，长毛骆驼毛领缎里女大衣"❶等多种款式。

图1-126是用羊毛毡与丝绸结合运用所制作的一件冬装，羊毛毡用于内里并在袖口、衣服缘边及领部翻出形成缘饰效果。图1-127是用毛皮缘领及袖口装饰的西式大衣，图1-128是1914年协和贸易公司月份牌女子着元宝领的女衫、马面裙并在衣与裙的缘边以白色毛皮做镶边。但领却是高领，据说这是模仿西式女装敞开而高耸的翻领，到了中国演变成了把脖子紧紧裹住的高立领，并有了一个地道的中国名称："元宝领"。

---

❶ 作者不详. 上海绸缎公司大减价[N]. 申报，1935-12-5.

图1-129中"此妇人所服者,其大衣旗袍均用一色毛织物裁制。大衣领口袖绿腰带,及旗袍的下摆皆镶以一寸宽的黑毛"❶。此大衣的特色在于领口、袖口外翻且边缘缝以黑色毛皮。

图1-126　羊毛毡缘边

（图片来源:《清宫服饰图典》）

图1-127　毛皮缘饰装饰的西式大衣

（图片来源:《老月份牌年画:最后一瞥》）

图1-128　白色毛皮镶边

（图片来源:《都会摩登》）

图1-129　大衣与旗袍配套的黑色缘边装饰

（图片来源:《玲珑》）

❶ 叶浅予. 妇女新式大衣之又一种[J]. 玲珑,1932,1（45）.

# 三、传统缘饰材质小结

在农业和畜牧业尚未出现的旧石器时期，人类一直过着茹毛饮血的原始生活，当时的服装，不外乎狩猎所获得的野兽皮毛和采集所得的树叶草葛。采桑、养蚕、织帛，是我国古代劳动妇女一项重要的生产活动。而用丝织成锦帛或绢帛，裁制成服，则是我国的一大发明。如图1-130所示是缘边可用材料的分类。分为动、植物及矿物材料。动物类丝织品是最主要的材料，矿物类在服饰上主要用于纽扣、帽边等装饰。

由《诗经》记载可推测出当时至少使用动物类的皮毛、蚕丝，以及植物类的葛、麻等原料制造布帛与服饰。一般民众穿什么质料的衣服，虽然没有明文可考，但必然是葛布或褐，也就是毛布，则是可以推测的。

表1-13是古代丝织品的分类表。甲骨文中不仅有蚕、桑、丝、帛等象形文字，还有不少与桑蚕有关的卜辞。至于丝织品的发现，多附于青铜器表面，如郑州商代遗址出土铜盆外附着布纹、安阳后岗圆坑的铜鼎、铜戈上包有丝织品[1]、藁城遗址中包覆在第38号墓出土铜觚上的残留丝织物，从丝胶内两个钝三角形的纤维截面，初步判定是蚕丝纤维[2]。瑞典博物馆收藏的两件殷代铜

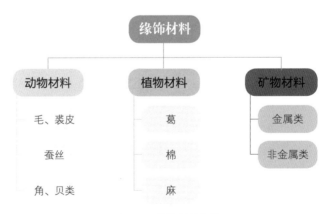

图1-130　缘饰材料分类

---

[1] 中国社会科学院考古研究所. 殷墟发掘报告[M]. 北京：文物出版社，1987：27.
[2] 高汉玉，王任曹，陈云昌. 台西村商代遗址出土的纽织品[J]. 文物，1979（6）：47.

器上绣有残存的纺织物，经鉴定为丝帛织品，且织法精湛。殷人的衣服表现在甲骨文中的，有衣、裘、巾，做衣服的材料有帛和丝，可见殷商时期的丝织业已初具基础。蚕、桑、丝绸已由利用天然资源转换成人工培植，织造上也发展了络丝、并丝、捻丝的工艺。织机上也有素织机的使用，就织造技术来看有平纹、斜纹、假纱、纱罗及重组织，就当时的技术来看，织机还不能将复杂图案织出，因此彩绘的可能性更大。

表1-13　古代丝织物品种分类表

| 种　类 | | | | 平纹 | 斜纹 | 缎纹 | 绞经 | 起绒 |
|---|---|---|---|---|---|---|---|---|
| 生织 | 单层 | 非提花 提花 | | 绢类 绮（绫） | 素绫 暗花绫 | 素缎 暗花缎 | 素纱罗 暗花纱罗 | 素绒 漳绒 |
| 熟织 | 单层 | 通梭 | 非提花 | 晕染 | 无 | | | |
| | | | 提花 | 色织绮 | 色织绫 | 闪缎 | 熟线罗 | 彩漳缎 |
| | | 非通梭 | | 缂丝 | 无 | | | |
| | 重层 | 地结单插合 | 通梭 | 花绢 | 花绫 | 花缎 | 花纱罗 | 无 |
| | | | 非通梭 | 妆花绢 | 妆花绫 | 妆花缎 | 妆花纱罗 | |
| | | 双插合 | 暗夹型 | 平纹锦 | 斜纹锦 | 无 | | |
| | | | 双层型 | 双层锦 | 无 | | | |
| | | | 特结型 | 织锦绢 | 织锦绫 | 织锦缎 | 无 | |

西周时期的情形，大致和殷代相似，但是华贵的服装，也许就更讲究一些。至于民众的穿着，依然很少能够用丝绸的。到了春秋时期，蚕丝纺织技术更加进步，丝已成为重要商品之一。春秋战国时期织品技术的进步，突出地表现在刺绣工艺上，《汉书·盐铁论》说道："夫罗纨文绣者，人君后妃之服也；茧紬缣练者，婚姻之嘉饰也"。《汉书·贾谊传》亦说："白谷之衣，罗纨之里，缘以编诸，美者黼绣"，我们若将其比对当时对于丝织品的总称"缯""帛"，及高级丝织品锦、绣、绮等，可见秦汉服饰的材质多为丝织品。

汉代的出土实物较多，1972年湖南长沙马王堆1号汉墓出土大批的织品和服装，为现今研究汉代织品最重要的宝库。此外1959年甘肃武威磨嘴子2号墓、1959年新疆民丰北大沙漠一号墓、新疆民丰尼雅遗址、1980年新疆罗布泊楼兰故城东七公里高台墓地二号墓等均发现大量汉代织品。从马王堆出土的丝织品可以看出汉代在编织工艺方面技术十分先进，服饰的质料种类繁多,文献中统称为绢、帛或缯。从织法来分,绢、缣、方目纱属于平纹组织。绢依其疏密程度来看,细密的称为纨素,粗疏的为缯,细而薄的为绡。属于素色提花织物的则有绮、罗。有质地疏朗、轻柔透明的纱,网眼密布、轻软细薄的多用于夏衣材料的罗,罗又分有花纹的花罗及无花纹的素罗,在素地织纹上起花的提花织物绮,用生丝织成经纬密度一致的平纹织物绢,用彩色丝线织成图案花纹的锦。在织造前,锦的经丝和纬丝通常染好颜色,纬丝颜色在二种以上,因此色彩鲜艳、质地厚实,常用来缘边。《史记》《汉书》《后汉书》以及其他汉赋中最常提及的便是"罗縠"二种,夏天炎热时衣着部分主要采用极薄的绮罗纱縠,并以锦缘边,袍服与长袖还不会缠裹身体,妨碍行动。《汉书·高帝纪》八年:"贾人毋得衣锦、绣、绮、縠、絺、纻、罽"[1]。

《汉书》中所提及的衣服材料,锦、绣、绮、縠这四种为丝织品,縠是汉代最薄的一种丝绸,唐李善曰:"縠,今之轻纱,薄如雾也",马王堆1号墓出土了两件以雾縠制成的单衣,仅重48克。絺、纻属于高级精细的葛布、苎麻布,罽是毛织品[2]。

马王堆出土的丝织物,包括了目前所了解的汉代丝织物的大部分品种。尤其重要的是发现了轻薄透明的素纱禅衣和富有立体效果的绒圈锦。素纱禅衣长128厘米,袖长190厘米,在天平上称量,仅重49克,如果除去领和袖口较厚重的缘边,重量仅28克。根据计算,每平方米衣料仅重十二三克,真是薄如蝉翼,轻若烟雾[3]。马山一号战国墓出土的丝织品,不仅数量多,而且品种也很多,有绢、锦、秒、组、绦等。

魏晋时期对于桑树栽种的品种、方法、季节及蚕的饲养时对环境、饲料已经有较为严格的要求,在缫织技术上得到较大的改善,可以织出柔韧、洁白、质量优良的丝线。丝织品在三国时期的魏国已经成为人人都竞相使用的奢侈品,"今承百王之末,秦汉余流,世俗弥文,宜大改之以易民望。今科制自公、侯以下,位从大将军以上,皆得服绫锦、罗绮、纨素、金银饰镂之物,自是以下,杂彩之服,通于贱人,虽上下等级,各示有差,然朝臣之制,已

[1] 班固. 汉书[M]. 长春: 吉林出版集团, 2010: 65.
[2] 夏鼐. 我国古代蚕、桑、丝、绸的历史[J]. 考古, 1972 (2): 20.
[3] 胡维草. 中国传统文化荟要[M]. 长春: 吉林人民出版社, 1997.

得侔至尊矣，玄黄之采，已得通于下矣"❶。

这一时期，多综多蹑机得到改进，花本提花机的应用更广泛，使得这时期织品的品种非常丰富，在顾野王《玉篇》中对丝织品种类的记载就有：缯、绮、縠、缣、缟、练、绫、绢、纨、纱等二十余种，其中以锦、织成、绫绮、纱罗最为有名。唐代江南便为织品供应地，有各色绫、麻、棉、葛、纱、纶、纤等布料，且每一布品均华美多样，绫布在各地名称不一，如"兖州镜花绫，青州仙纹绫，定州两窠绫，幽州范阳绫，定州绫，荆州方縠纹绫"❷。植物性衣料以棉、麻、苎、葛为主。

唐代的纺织技术在织造、印染、刺绣上都有重大的革新，唐代的染织工艺非常发达，由少府监织染署管理生产，机构庞大，分工极细。据《唐六典》❸记载："织衽之作更十（一曰布，二曰绢，三曰绝，四曰纱，五曰绫，六曰系，七曰锦，八曰绮，九曰间，十曰褐）；组绶之作更五（一曰组，二曰绶，三曰绦，四曰绳，五曰缨）；䌷线之作更四（一曰䌷，二曰线，三曰弦，四曰网）；练染之作更六（一曰青，二曰绛，三曰黄，四曰白，五曰皂，六曰紫）"。《俗务要名林》❹中的丝织物，有"彩""缯""绮""縠""绢"等。除丝织物之外，还有"毡""氍""维""紬""致""纰""绵""絮""布""筒布""高机布""土布""板布""纤布""葛""蕉布"等各种棉、麻、毛衣料的名目，衣料品种相当多样。

根据以上记载，唐朝时期的织品在种类上，大致不出汉魏六朝所发展的范围，但图案色泽的变化更为丰富，制作技术亦更趋精密。以布帛的种类而言，当时宫中少府监织染署所管辖生产的织物计有：布、绢、纱、绫、罗、锦、绮、褐数种。另外，在《两唐书》与《通典》中发现锦、绫、罗、纱等精细丝织品，生产地域已不仅限于大河南北。开元天宝后，两浙及四川逐渐取代关东与华中地区，成为丝织业的重镇，同时许多地区已发展出在材质和

---

❶ 陈寿. 三国志[M]. 北京：中华书局，2010.

❷ 袁杰英. 中国历代服饰史[M]. 北京：高等教育出版社，1994：184.

❸ 《唐六典》是一部关于唐代官制的行政法典，规定了唐代中央和地方国家机关的机构、编制、职责、人员、品位、待遇等，叙述了官制的历史沿革。按《周官》分为理典、教典、礼典、政典、刑典、事典六个部分，故书名《唐六典》，书中保存了大量唐朝前期的田亩、户籍、赋役、考选、礼乐、军防、驿传、刑法、营缮、水利等制度和法令等方面的重要资料。对唐以后历代会典的编纂具有深远影响。

❹ 《俗务要名林》是一本收录唐代日常俗语的字书，保存了男服部、女服部、彩帛绢布部等有关服饰的词汇，除了在教育和语言方面具有一定的价值外，也为研究唐代民间，尤其是敦煌地区民间的服饰文化，提供了珍贵的第一手资料。

图纹风格上有明显的地方特色，尤其如越罗、蜀锦、吴绫、宣州红线毯等。而号称唐代百科辞典的《太平御览》中，提及的丝织品便有丝、紬、缯、彩、锦、绣、罗、绮、绫、纱、绢等类别。

宋朝的纺织生产工艺已臻于完善，从栽桑、浴茧、络丝、上机织造及裁衣缝制都有一贯的工序，生产工具有脚踏缫车、高楼提花绫机、花罗机等❶，是明清两代纺织技术的基础。宋朝织品的种类非常繁多，其中最重要的有锦、绫、罗、纱、缎、缂丝等织品并开始有织金锦出现，辽宁法库叶茂台辽墓中就有发现织金锦❷。

明代纺织业兴盛，承袭了历代以来的纺织技术。明清两代纺织器具和技术都有很大的改进。明朝普遍应用脚踏缫丝车，织造的装置已较完善，机种也较多，可根据不同的品种选择不同的纺织机。

嘉庆十九年（1814年）《吾妻镜补·出洋货物近时交易》中，列出对日贸易的主要输出品中就有：毡货（衣料、裙幅、被单、兜帽）、丝绵、绸缎、锦绣、布帛等❸。绢织绸缎（茧紬、袍料、绉纱、素紬、绒锦）中茧绸为山东特产，利用山蚕（食柞叶之蚕）茧丝织成，质地粗硬，但结实耐用。主要产地在山东及广东的程乡（今梅州市）一带。绸缎的产地以江浙为主，其中又以杭州最多，杭州各种丝绸都产，尤以杭绸为名产。

民国时期，传统的织锦缎不再是唯一选择，西式印染技术传入使得传统方式制作的面料逐渐减少，欧美进口布料中新的材料与新的工艺使织品材质层出不穷，轻薄的雪纺纱、印花面料、新颖的烧花绒，织品设计的变化产生繁多模仿皮毛及棉织物，如葛、绨、呢、绒之类。光滑柔软，质地轻薄的纱有：春纱、香云纱（莨纱）、官纱、宣纱（蝉纱）；绸有：春绸、锦绸、吴绫、杭绫；缎有：汉府缎、贡缎（库缎）、泰西缎（暗花缎）、累贡缎（素库缎）等，泰西缎是清晚期采用从德国进口的纺织机器生产的，在纱地提本色花或彩经显花、局部加彩妆花的纺织品。20世纪20年代从国外引进人造丝媷萦，与蚕丝交织后产生了新品种，如软缎等，尼龙材质也成为织品运用的素材之一。

---

❶ 朱新予. 中国丝绸史[M]. 杭州：浙江工业出版社，1992.

❷ 辽宁省博物馆. 法库叶茂台辽墓记略[J]. 文物，1975：12.

❸ 翁广平. 吾妻镜补[M]. 北京：全国图书馆文献缩微复制中心，2005.

在江南大学民间服饰传习馆藏的四百余件女上装中，绝大部分衣料材质为丝绸，见表1-14。

表1-14　江南大学民间服饰传习馆藏的实物材质统计

|  | 香云纱 | 绉 | 缎 | 绸 | 纱 | 绒 | 绫 |
|---|---|---|---|---|---|---|---|
| 特点 | 光泽好、防水 | 平纹、绸面有绉纹 | 平滑光亮、质地柔软 | 质地紧密、平纹 | 质地轻薄透气 | 厚实、光泽度好 | 质地轻薄、柔软 |
| 件数 | 4 | 108 | 68 | 125 | 6 | 5 | 56 |
| 比例（%） | 0.9 | 25 | 16 | 29 | 1 | 1 | 13 |

代表性款式的小结，见表1-15。

表1-15　历代代表性服饰造型及缘饰特征

| 时期 | 先秦 | 秦汉 | 宋代 | 明代 | 清前中期 | 清末民国 |
|---|---|---|---|---|---|---|
| 形制 | 长袖宽身、短袖宽身、长身 | 长袖宽身、曲裾、直裾、长身 | 长袖宽身、普袖宽身 | 长袖宽身、袍身上窄下宽 | 袍身上窄下宽 | 直身合体 | 直身合体、紧身收腰 |
| 裁剪工艺 | 上下分裁 | 上下分裁 | 上下通裁 | 上下通裁 | 上下分裁、上下通裁 | 上下通裁 | 上下通裁 |
| 装饰手法 | 彩绣、锦缘 | 彩绣、印花 | 彩绘、彩绣、贴金、印金 | 补子、彩绣 | 彩绣、暗纹、织金、缂丝 | 暗纹 | 彩绣、暗纹 |
| 领型 | 交领 | 交领 | 合领 | 盘领 | 圆领 | 立领 | 立领 |
| 门襟形式 | 右衽 | 右衽 | 对襟 | 右衽 | 右衽 | 右衽 | 右衽 |
| 袖型 | 窄袖、宽袖、大袖 | 窄袖 | 窄袖、广袖 | 窄袖、广袖 | 马蹄袖 | 窄袖 | 窄袖、短袖、无袖 |
| 开衩形式 | 无开衩 | 无开衩 | 两侧开衩 | 两侧开衩 | 两侧开衩、四开衩 | 两侧开衩 | 两侧开衩 |
| 下摆造型 | 直摆 | 直摆、圆摆 | 直摆、圆摆 | 直摆、圆摆 | 圆摆 | 直摆、圆摆 | 直摆、圆摆 |
| 系合方式 | 系带 | 系带 | 系带 | 系带 | 系扣 | 系扣 | 系扣 |
| 面料 | 绢、锦、纱 | 绢、罗、绮、纱 | 纱、罗 | 罗 | 绸缎、缂丝 | 绸缎、纱 | 绸缎纱、棉、彰绒 |
| 缘饰特征 | 包裹式缘边居多 | 领、袖摆缘边较宽 | 缘边较窄，植物纹样居多 | 款式复古，缘边出现极细金银线装饰 | 缘边装饰较烦琐 | 缘边装饰题材多样化 | 慢慢向简洁过渡 |
| 参考来源 | 湖北江陵马山一号墓出土 | 长沙马王堆三号汉墓出土 | 福建福州南宋黄昇墓出土 | 山东省孔府馆藏明代袍服 | 台湾博物院藏 | 江南大学民间服饰传习馆藏长袍 | 江南大学民间服饰传习馆藏旗袍 |

历代的纺织器具、材质、工序，都是在原先的基础上慢慢改进来增加新

的可能性。商周时期不能处理的纹样，在战国刺绣工艺进步后就有实现的可能。战国时期织机无法生产的纺织纹样，在魏晋提花机改进后就有实现的可能。将历代纺织生产器具、织物组织、加工方式进行梳理（表1-16），就可以看出织造技术与水平是纺织纹样非常大的限制。在历代的技术改进中，人们根据材料的特性做适当的处理，能够织造出符合其朝代审美的各种纺织品。工具越齐全，加工方式越丰富。

表1-16　历代代表性纺织技术对缘边设计的影响

| 朝代 | 生产器具 | 织物组织 | 加工方式 | 官营 | 民间 |
|------|---------|---------|---------|------|------|
| 商周 | 素织机、提花腰机、整经机具 | 平纹、斜纹、假纱、纱罗、重组织 | 练丝、练帛、染色 | 工官、典妇功、染人、掌染草、绘人 | 无 |
| 春秋战国 | 辘轳式缫丝机、提花机 | 平纹、纹罗、绮、素罗、绫、缘、织锦、起绒锦 | 练丝、练帛、染色、刺绣 | 织室 | 商人、地主 |
| 秦汉 | 辘轳式缫丝机、手摇卷纬车、斜织机、束综提花机、多综多蹑纹织机 | 平纹、斜纹、纹罗、绮、素罗、绫、缘、织锦、起绒锦 | 煮练、捣练、涂层、染色、印花、刺绣 | 西织室、东织室、锦官、服官 | 商人、地主、庄园 |
| 南北朝 | 络车、纺车、提花机、多综多蹑纹织机 | 平纹、斜纹、纱罗、绫、绮、织锦 | 灰练、染色、媒染、刺绣 | 尚方御府、细茧户、绫罗户、锦官御府下属、织室 | 家庭、庄园 |
| 隋唐 | 缫车、多综多蹑纹织机 | 锦（纬锦）、提花、绫、罗、纱、绒、缂丝 | 印花、刺绣、染色、盘金、涂层 | 少府监下织染署、内八作使、内侍省下掖庭、局各地官锦坊 | 坊、铺、织锦户 |
| 两宋 | 脚踏缫车、立织机、花罗机、绫机 | 绫、罗、纱、缎、绒、缂丝、织金锦 | 媒染、印花、刺绣 | 绫锦院、染院、文思院、文绣院 | 专业化民间作坊 |
| 明 | 罗机、花楼提花机 | 云锦、妆花、缂丝、织金绫 | 染色、刺绣 | 工部、官营染织机构、地方官府设织、造局 | 专业织户、工场 |
| 清 | 电机器出现手工与前代相同 | 缎、云锦、绸、缂丝、绒、妆花、纱、织金 | 技术是之前朝代集大成且更精细 | 染织局、苏州局、杭州局、江宁局 | 民间织造专业且兴盛 |

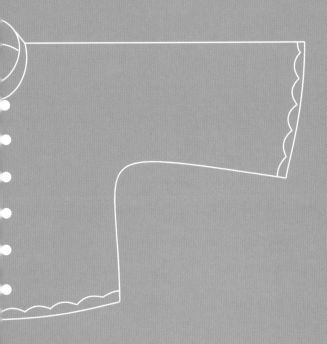

彩袂蹁跹
中国传统服装襟边缘饰

中国传统服装

缘
YUAN BIAN
边
装饰形式

第一章

襟边缘饰属于服饰的一部分。从装饰物说，"装"偏重衣履冠带之类的服饰，"饰"则偏重簪佩花纹。"装"多指一般的穿戴整齐、着手打扮，"饰"着眼局部的装束、佩戴和修饰❶。缘边的装饰有各种珠饰、结饰、边饰及工艺手法，各类手法可以单独使用，也可混合使用。有些是从贴合人体结构方面的角度考虑，还有的手法则是从装饰的角度考虑。

根据江南大学民间服饰传习馆藏服饰的统计发现，除了常见的服装缘边工艺外，还出现了很多种以装饰目的为主的装饰形式和配饰的点缀，表现形式以结饰、珠饰、各类边饰为主。表2-1所示女装的不同装饰位置所使用的装饰手法与装饰工艺。除刺绣及各式花边的装饰外，花扣、挖云、布贴等都非常精致美丽，有助于服饰风格的整体调配。

表2-1　服装缘边装饰位置与装饰手法统计

单位：件

| 装饰位置 | 主要装饰手法及数量 | | | | | | |
|---|---|---|---|---|---|---|---|
| | 镶色 | 绲边 | 嵌线 | 组带 | 花边 | 荡条 | 刺绣 |
| 领、领围 | 32 | 135 | 10 | 2 | 61 | 3 | 16 |
| 门襟 | 74 | 127 | 8 | 18 | 74 | 12 | 21 |
| 下摆 | 60 | 86 | 0 | 0 | 63 | 6 | 19 |
| 袖口 | 56 | 65 | 0 | 5 | 8 | 4 | 23 |

如表2-2所示，蕾丝花边、组带、穗带、珠片装饰等为主要衣缘装饰的服饰有50件。

表2-2　江南大学民间服饰传习馆藏衣缘装饰服饰

| 装饰手法 | 流苏、结穗 | 珠绣、钉片 | 挖花 | 组带 | 蕾丝、花边 |
|---|---|---|---|---|---|
| 件数 | 2 | 4 | 8 | 19 | 17 |

---

❶ 王凤阳. 古辞辨[M]. 长春: 吉林文史出版社, 1993: 552-553.

# 一、布料镶绲

清代女子服饰中不论是满族还是汉族，服饰的镶绲都是常见的缘边装饰形式，镶边与绲边经常搭配使用，再配以不同色彩与刺绣，便可以创造出无数种搭配效果。

## （一）镶边

镶边是指用一种颜色或质地不同的面料、布条、花边、绣片等镶缝在衣片的缘边或嵌缝在衣身、袖子的某一部位，形成条状或块状装饰。有镶色与镶块两种类型。张爱玲《更衣记》中对于镶绲也有描写："古中国衣衫上的点缀品却是完全无意义的，若说它是纯粹装饰性质的罢，为什么连鞋底上也满布着繁缛的图案呢？鞋的本身就很少在人前露脸的机会，别说鞋底了，高底的边缘也充塞着密密的花纹。袄子有'三镶三滚''五镶五滚''七镶七滚'之别，镶滚之外，下摆与大襟上还闪着水钻盘的梅花，菊花"❶。

清初时，只在襟边及袖端处镶绣，颜色素净。在咸丰、同治年间达到高峰，各式各样的镶法，或一宽一窄，或多层镶绲，有时整件衣服几乎看不到原来的布料。镶绲繁复，三镶三绲、五镶五绲，包括牡丹带、金白鬼子栏干、盘金间绣等各色镶绲。苏州地区的《训俗条约》中记载："至妇女衣裙，则有琵琶、对襟、大襟、百裥、满花、洋印花、一块玉等式样。而镶滚之费更甚，有所谓白旗边、金白鬼子栏干、牡丹带、盘金间绣等各色。一衫一裙，本身绸价有定；镶滚之费，不啻加倍。且衣身居十之六，镶条居十之四，一衣仅有六分绫绸"❷。至光绪末年，仍盛行镶绲装饰工艺。一衣仅有六分绫绸，而镶条则居十之三四。从镶绲花边的繁简程度，也能看出其社会地位、家境状况等。镶绲服装的出现，也反映了当时丝织染绣技术的进步。北京妇女称多道镶边的衣服为"十八镶"，这是一种夸张的说法。根据故宫博物院馆藏的宫廷清代

❶ 张爱玲. 流言[M]. 北京：十月文艺出版社，2012：70.
❷ 周锡保. 中国古代服饰史[M]. 北京：中国戏剧出版社，1984.

服饰和江南大学民间服饰传习馆藏的民间清代服饰来看，镶边多的也不过九层左右。到了光绪以后日趋简单，衣袖逐渐变小而短，多层镶边则有了宽窄安排，通常最外层缘边最宽。明、清女装特别讲究镶边，变化也最多，忽而时兴宽，忽而时兴狭，镶条的流行忽多忽少，镶边层数之多，可由领缘到胸前。到民国时期日趋简洁素雅。

### 1. 表达方式

用不同颜色的面料或不同质地的面料镶拼装饰，如厚面料与薄面料镶拼；不同颜色花纹、肌理的面料之间的镶拼。装饰部位一般适用于衣身、领、袖、袋中间或缘边部位。如图2-1所示《玲珑》杂志封面的旗袍的装饰采用了镶边，袖缘与领缘与前襟缘边装饰手法一致，只是装饰线的颜色略有差别，在统一中有细微变化。

镶边工艺常应用于女装或童装，在领口、门襟止口、袖口、领外口等部位镶边，可使服装变得高雅、别致。镶边的宽度可根据款式的部位而

图2-1 《玲珑》杂志封面的旗袍镶边装饰

（图片来源：《玲珑》）

确定，一般不超过7厘米。镶边的缝制方法有明缝镶、暗缝镶和包缝镶等多种。绣片边缘大多以内折或用绲边、贴缝等处理好缝头，因此镶边以装饰意义为重，材料以花边和彩色线为主。按照镶边数量，分为单条镶和多条镶，并配合包边、贴缝、嵌线等工艺手法混合使用，形成繁复精巧的视觉效果。

### 2. 工艺

（1）准备阶段：缝制工具和辅助材料主要有：针（五号）、棉线、顶针、剪刀、丝绸布料、浆糊、熨斗等。

（2）缝制方法：按纸样剪出大襟的形状及镶边的面料，两块面料正面相对，沿边约0.5厘米处手工缝合，如图2-2（a）所示，并用手指将面料抚平，缝合后将其反转成正面，将有毛边的镶边面料弧线处剪出几个牙口使其平顺，

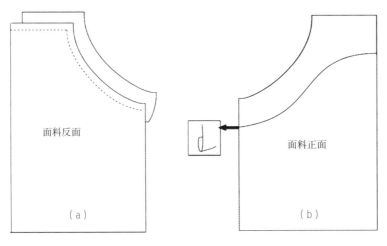

图2-2　镶边制作示意图

（图片来源：笔者绘制）

面料向内折入0.5厘米，如图2-2
（b）所示，并用暗针将其固定。
图2-3是其完成图。

（3）工艺要求：首先要使用
纱向正确。镶边纱向有两种使用
方法：一是与被镶拼部位纱向一
致；二是使用斜纱面料（反面熨
黏合衬）❶。其次拼缝处要平整。
再就是镶边要柔中有挺。

图2-3　镶边制作完成图

（图片来源：笔者拍摄）

## （二）绲边

　　中国传统服装发展过程，绲边的应用是先人智慧的结晶。既是处理衣片
缘边的一种方法，也是一种装饰工艺。章炳麟在《新方言·释器》里说："凡
织带皆可以为衣服缘边，故今称缘边曰绲边，俗误书作'滚'"。在服装的缘
边上，另一条布条或者织带，贴合服装缘边，用包缝的形式与布边拼接。在

---

❶ 韩滨颖. 现代时装缝制新工艺大全[M]. 北京：中国轻工业出版社，1997：74.

中国传统服饰中，最大的特色体现在绲边与镶边装饰上，也是服装边缘处理的最常用的工艺之一，以增加衣服的牢度，且利用不同颜色不同的材料可起到加强的装饰作用。古时没有锁边机，当布料一经裁剪，难以阻止毛边的发生，而早期物资并不充裕，每一件衣服都必须有其相当长的使用寿命，如何增加其使用牢度是人们面对的问题。绲边是其最主要的处理方式，是用于包裹服装各个部分缘边的工艺。

凡是反折处理过的缘边处，因经折叠定型后，已经减弱纱线的韧度，所以需要再多以一层或多层面料包覆，最初为实用功能，之后装饰性与实用性并驾齐驱，甚至超越实用价值。"关于衣装之滚边，不仅滚其边。以滚边用之花边，镶于胸前，镶于背后，镶于其他各部，则单调之格式，亦可因以打破……他如衣袋腰带纽扣缝纹，皆趣味寄托之处。是种趣味，不欲其简单，必使有千百不同之式，庶可以适应各个之性格身材感情等"❶。

通常，"镶边和绲边会同时被用作衣服的边饰，多种形式的镶边在晚清的女装实物中屡见不鲜"❷。它的特点是衣服的表面和反面都可以看到绲条，使衣服缘边光洁、牢固、适合任何弧度的造型。绲边应用部位为领襟袖缘，开衩下摆等缘边，位置因其形状不一。

### 1. 绲边的分类

绲边可按外观形状和制作工艺进行分类（图2-4），按外观形状可分为如下几类。

细香绲：也称立体细绲，绲边宽为0.2厘米左右，呈圆形尤如细香，故称为细香绲❸。

狭绲：绲边宽为0.3～1厘米，也称韭菜边，其应用最为广泛。

宽绲：绲边宽为1厘米以上，也称阔绲。

本料绲：用本色料做的绲条。

它料绲：指同色异料的绲条。

镶色绲：指不同颜色或材料的绲条。

---

❶ 寓一. 一个妇女衣装的适切问题[J]. 妇女杂志，1930，16：49-50.

❷ 廖军，许星. 中国服饰百年[M]. 上海：上海文化出版社，2009：64.

❸《上海服饰》编辑部. 时装集锦 [M]. 上海：上海科学技术出版社，1992.

图2-4 绲边的分类

绲边
├── 外观形状分类
│   ├── 细香绲（立体细绲）
│   ├── 狭绲（韭菜绲）
│   ├── 宽绲
│   ├── 本料绲
│   ├── 它料绲
│   └── 镶色绲
└── 制作工艺分类
    ├── 单层绲边
    ├── 双层绲边
    ├── 绲边加嵌线
    └── 宽绲加档条

## 2. 工艺流程

（1）准备阶段：缝制工具和辅助材料主要有：针（五号）、棉线、顶针、剪刀、丝绸布料、浆糊、熨斗等。

（2）裁制绲条：为方便塑形而不牵扯扭转布料，必须使用弹性和塑性最大的45度正斜纱向的绸料制作绲条（图2-5）。这种衣料的伸缩性最大，

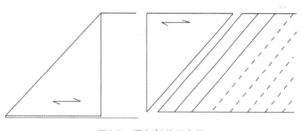

图2-5 绲条斜裁示意图

易于弯曲、扭转，使用方便。拼缝时将两边错开，使缝线两边对齐，将正方形绲条布的对角线剪开后拼缝，可使绲条拼长。

（3）上浆：45度斜裁制作的绲条，在弹性大的同时，其硬挺度降低，所以在制作时，可先将绲边面料正面上浆，将面料反面朝上沾一层稀释的薄浆糊均匀涂抹，多余的浆糊用刮刀刮平，干后用熨斗熨平，上浆后需用手推拉，让面料回复易于塑形的特性。

（4）缝制：把绲条正面与衣片反面相叠，按绲边的宽度要求先缝合，如图2-6（a）所示，再翻转绲条，绲条的另一边毛缝，将绲条包紧衣片边缘，盖住第一道辑线并沿绲条边缘辑0.1厘米止口，见图2-6（b）、图2-7。绲边的不同类型制作方法大同小异，绲边的宽窄不同需要的绲条尺寸不一，绲条的宽度需要考虑以下因素：制成宽度＋绲条的厚度（大约0.1厘米）＋折入里侧的宽度（大约0.5厘米）＋折份（大约0.4厘米）。图2-8～图2-10是不同种类绲边的示意图。

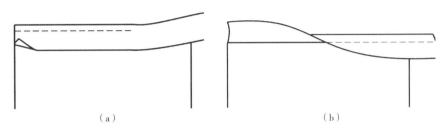

（a）　　　　　　　　　　　　　　　（b）

图2-6　单层绲边缝制示意图

图2-7　制作单层绲边

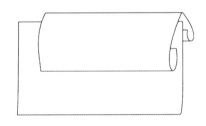

图2-8　单层绲边示意图

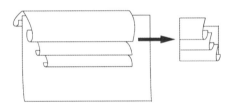

图2-9　双重绲边示意图

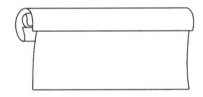

图2-10　立体绲边示意图

## （三）嵌线与荡条

### 1. 嵌线

　　嵌是指把绲条或花边卡缝在两片布块之间，形成细条状的装饰，如图2-11所示的旗袍缘边工艺手法就是嵌线。

　　图2-12是旗袍上嵌线的细节图。绿色的绲边加上白色的嵌线，与纽扣的色彩搭配一致。绲边与嵌线，绲边为绲边布包覆于衣身面料的外面，嵌线则相反，两者比较起来，绲边对于服装面料的保护耐磨损较好，而芽边的装饰功能较为明显。牙边是在服饰边缘或裙摆边上单独使用的细条装饰，在旗

袍中运用较多，通常面料需要斜裁上浆，并折烫使其独立成一条装饰线，成品在0.15厘米左右。与绲边经常结合起来一起用。边缘或拼接缝的中间嵌上一道带状的嵌线布。嵌条布宜选择条绒面料或条、格面料与单色衣料搭配，嵌线布颜色最好与衣料颜色形成对比或深浅不同，可使装饰效果醒目。如果追求含蓄、典雅的装饰风格，也可以选择本料布或同种色、同类色的面料。成品嵌线宽度一般为0.4厘米左右。做嵌线的衣料应该斜裁，因斜料略有伸缩性，嵌在圆弧形衣缝中，容易平服，同时斜料的两边不易松散吐毛。

图2-11　穿衣边嵌线旗袍的女性
（图片来源：《良友画报》）

（1）裁剪方法：用长方形的衣料对角剪开，然后将剪开的两块，直丝与直丝对牢相拼（嵌线布需增长时应按此方法拼接），将拼好的衣料拼成圆筒形状，然后根据嵌线布的宽度，按螺旋形，从上而下顺次序地剪下长条带状的嵌线布即成❶。

（2）缝制方法：①暗缝式：将两层裁片正面相对，使嵌线夹在中间，缝合一道线，翻转过来烫平。可先将嵌线预缝到衣料面子的正面，然后再将正面料反过来，

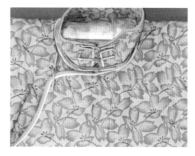

图2-12　嵌线细节图
（图片来源：江南大学民间服饰传习馆藏）

把夹里放在下面，按照预缝的针迹再缝一道，连同夹里一起缝牢，这样就把嵌线嵌夹在面子和夹里的两层衣料中间。照这种做法的嵌线，阔狭一致，不会弯曲。图2-13与图2-14是嵌线的工艺示意图。图2-15是细嵌线在服饰中的运用。图2-16整件服饰是用嵌线手法来装饰的，用细细的嵌线勾勒出服饰的缘边，领、肩分别用了四条嵌线，盘扣也是同色的细线条装饰。②明缝式：

---

❶ 包昌法. 服装裁缝工艺集锦[M]. 杭州：浙江人民出版社，1982.

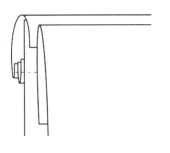

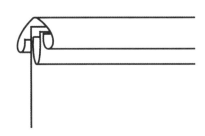

图2-13　嵌线工艺示意图

（图片来源：笔者绘制）

图2-14　细嵌线工艺示意图

（图片来源：笔者绘制）

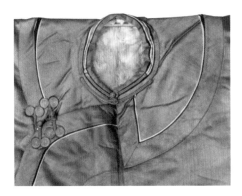

图2-15　细嵌线在领部的应用

（图片来源：江南大学民间服饰传习馆藏）

图2-16　细嵌线在服饰中的运用

（图片来源：美国福瑞尔博物馆）

将嵌线夹在两层衣片之间，缉缝一道明线。为了使嵌线缝成后凸起、有立体感，可以在嵌线中间夹入一根细绳。

（3）工艺要求：嵌线宽度应一致，缉明线时的线迹要美观。

**2. 荡条**

荡条是指用一种与衣片颜色不同的面料，缝贴在距衣片边缘的不远处，即不紧靠衣片止口，所以称为荡条❶，也有地区称为牙子。荡条与镶边的区别在于镶边是缝拼在衣襟、领口、开衩边、下摆、袖口边等缘边位置，荡条是缝缉于这些部位靠近缘边的位置。

以正斜布条裁折成宽约0.3厘米的细窄布条，它可以根据需要弯曲荡条，盘缝成不同的花型，是用来装饰缘边或盘成图案的一种方式。通常有盘长纹、万字纹、回纹等，如图2-17所示便是荡条的几种装饰变化。

服装上以镶绦代替刺绣的方式。有用现成的织带，或用同色本布或异色布料做成荡条来镶。从江南大学民间服饰传习馆收藏的服饰实物来看（表2-3），荡条在缘边上的运用主要以线的形式存在。在馆藏的女装中，有荡条装饰的服饰有16件。图2-17是荡条在领、门襟、下摆的运用，结合镶边，制成各种造型，如盘长、水波纹等。

表2-3　荡条花型种类

| 荡条种类 | 花样图案型 | 水波型 | 锯齿型 | 线型 |
|---|---|---|---|---|
| 件数 | 3 | 2 | 1 | 10 |

图2-17　荡条在服饰不同位置上的应用

*（图片来源：江南大学民间服饰传习馆藏）*

❶ 吴山. 中国工艺美术大辞典[M]. 南京：江苏美术出版社，1999.

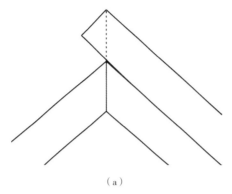

（a）

（b）

图2-18　荡条制作示意图

常用的形式有暗荡条、明荡条、单荡、双荡、三荡。也有将荡条与绲条配合使用的，例如：一绲一荡与一绲二荡等多种。荡条外观上可以根据需要形成无明线、一边明线、两边明线等不同形式。需要形成的明线少，只需在明缉部位用手工缲完即可。

（1）准备阶段。缝制工具和辅助材料主要有：针（五号）、棉线、顶针、剪刀、丝绸布料、浆糊、熨斗等。

荡条制作及上浆方法与绲边基本一致。将荡条反面对折并烫平，手工缝合并反转至正面。根据图形的需要盘成各种花型，以手工暗缲的手法进行缝制，这样面料的正反面都看不到线迹。

（2）拐角处的处理。将荡条对折，沿图2-18（a）中所示中线处缝合处理。图2-18（b）是其完成好的效果图。

（3）工艺要求。荡条工整，不毛漏；明荡式缉线为窄止口明线、宽0.1厘米，线迹应美观。荡条宽窄一致。暗荡式的一侧用暗缲针针法，使外表看不到线迹。

# 二、花边

除了以装饰为主的表现形式结饰、珠饰外，常见的还有各类饰边，可以统称为花边。早在装饰图案的花边还未诞生，花边纹饰广泛应用于器物之前，人们就开始对连续且具有节奏感的形式产生兴趣。旧石器时期晚期的山顶洞人将石头、鱼骨和兽牙穿孔制造成一串串的石链、骨链，反映出先民对花边形式的喜爱和向往，成为古代早期装饰的雏形。纹样在中国最早出现于新石器时期，出土的陶器已经有花边的形式。

花边根据工艺的不同大致可分为机织、针织、刺绣、编织四类❶。其中的纹样多采用吉祥图案。机织花边是成品花边，也就是绦边、阑干，因地方不同叫法不同。用于服饰等装饰用的机织花边的常用原料有蚕丝、棉线、人造丝、金银线、锦纶、腈纶和涤纶丝等，常在绸缎行成卷销售。机织花边的特点是质地紧密，花形有立体感，色彩丰富。针织花边由经编机织制。"针织花边组织稀松，有明显的孔眼，外观轻盈、优雅。刺绣花边色彩和种数不受限制，可制作复杂图案"❷。刺绣花边又分为手工刺绣和机器刺绣，相对于手工绣花，机绣花边在效率和绣品的平整度上较有优势，它易于造型，方便固定。花边各种宽度都有，有些图案仿如刺绣，有的像锦缎，不论宽窄，可以单条或多条一起使用。编织花边由花边机制成，也有用手工编织的。丝绸与毛织带居多，都非常精致美丽。作为配饰点缀缘边，它们有助于将整体服饰风格调配得更加丰富多彩。

## （一）蕾丝花边

蕾丝是英文"Lace"的音译，原意指花边、饰边等装饰物，后又引申为带有图纹、图案的，透明或半透明的薄织物，通常由针织、刺绣或编制而成。《申报》刊登了一篇《巴黎近事录》文章，叙述了他在巴黎交际界中所观察到的社会景象："交际界中之时装妇女，近颇盛行御中国式之旗袍，长仅逾膝，颇有前清康乾时妇女所御之上衣。其质料以绸最为普通，宽窄无定衡，有宽至腰腹莫辨者；有窄至远望如葫芦者，为袖则率皆没腕，而窄其袖口。衣之四缘，咸缀以花边，花边色式无，概与衣之形体着色相配合"❸。

"加阔美丽花边，阔三十英寸，法国巴黎最新出品，为今年夏季摩登旗袍衣料，有丝质、纱料二种，花样新颖特致、颜色绮丽雅艳，有粉红，玫瑰红，黄，湖绿，菊绿，黑，全白，咖啡，紫罗兰，等色"❹。上海绮华公司是当时沪

❶ 石东来，毛成栋. 钩编缨边花边编织技术探讨[J]. 针织工业，2013（9）：21-23.
❷《上海服饰》编辑部. 时装集锦 [M]. 上海：上海科学技术出版社，1992：464.
❸ 石仲谋. 巴黎近事录[N]. 申报，1928-10-24（21）.
❹ 作者不详. 今夏最盛行花边旗袍料最新镂空花样加阔花边[N]. 申报，1933-8-9.

上最齐全的花边饰品专卖店。"各种绣花边、缎带边、闪光边、银丝缎带边、丝罗珠边、丝花纱边、鱼鳞边、水浪边、空心边、云霞边、明角扣、缎包扣、丝围巾、丝裤带、手提袋、宽紧带、丝边、圆绳等商品"❶。

《申报》对于花边用于妇女服饰装饰有众多记载："花边与刺绣系相依为用之品，如妇女帽边刺绣后镶以花边，袍衫之领袖，胸前及裙裤下端刺绣后亦镶以花边，各种之杯盘垫枕衣亦有于刺绣后镶以花边者"❷。《新到各种花边》："先施公司花边部，昨日由瑞士名厂运到各种袖口边极多……美国纽约城运来最时式金银花缎带边……确为沪上从未见过"❸。花边原是西方的装饰元素，此装饰与传统服饰结合使用增添了服饰的现代感。《特别嵌花衣边》："新到大帮应时杂色花衣边，及绣花衣边裙边数十余款，闻该种花边，系由德国特加选制……女界用此种嵌花边，饰配旗袍最为时髦"❹。而且花边所用范围之广从百货公司对花边的宣传即可看出："用途尤广，除衣裙外，如小孩帽边、桌布边、茶巾边，莫不可以配上。所有绢花（花边），均与鲜花相仿，花瓣之颜色甚为姣秀，颜色颇多，定价亦不高云"❺。

图2-19（a）是蕾丝花边结合绦带在袖口边的运用，图2-19（b）是中国丝绸博物馆藏的民国时期未使用的花边。

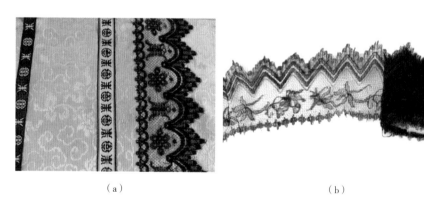

（a）　　　　　　　　　　　　　　　　（b）

图2-19　不同女装上的花边装饰

（图片来源：中国丝绸博物馆藏）

❶ 作者不详. 绮华公司参观记[N]. 申报，1925-11-22.
❷ 作者不详. 湘鄂赴赛代表杨卓茂调查刺绣花边编织等品报告书[N]. 申报，1915-12-25.
❸ 作者不详. 新到各种花边[N]. 申报，1923-6-30.
❹ 作者不详. 特别嵌花衣边[N]. 申报，1925-12-11.
❺ 作者不详. 新到定织之各式花边[N]. 申报，1923-4-8.

在民国上海女性服装中，蕾丝花边装饰成为一种时尚，制好的半成品花边在生活方式节奏加快，日渐西化的上海开始流行起来，以花边为装饰的旗袍在30年代盛行，"盛行于二十一年的旗袍花边运动，整个旗袍的四周，这一年都加上了花边……旗袍到二十二年……花边还继续盛行"❶。西方的花边在传统服饰缘边上的运用成为一种时尚，尤其是在旗袍上的应用，并没有夺去旗袍光彩，反而使旗袍更显洋气与现代感。图2-20（a）所示江南大学民间服饰传习馆藏的白色吊带裙是穿在旗袍里面打底用的，穿着的示意图可见图2-20（b）月份牌中的女子着装形象，旗袍是半透明纱质材料，里面穿着白色吊带裙，在开衩处露出下摆的棉质蕾丝花边装饰。增加了缘边的装饰性。还有一种是蕾丝花边直接固定在旗袍面料上的，参考图2-21旗袍中的宽蕾丝花边。

1934年《经济旬刊》经济要闻中记载《半年花边消耗六十万》："国际贸易局查得时髦妇女用以限服装四端之花边，总核本年六个月进口，折合国币为五十七万七千九百六十二元，较之去年亦有显着之激增，以一服装点缀品之微，半年消耗近六十万，亦足使人神往云"❷。从中可以看出对花边的消耗量

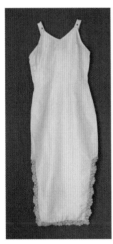

（a）　　　　　　　（b）

图2-20　女装上的花边装饰

（图片来源：《美女月份牌》，江南大学民间服饰传习馆藏）

图2-21　蕾丝旗袍装饰

（图片来源：《永安月刊》）

❶ 作者不详. 旗袍的旋律[J]. 良友画报，1940.

❷ 作者不详. 半年花边消耗六十万[J]. 经济旬刊，1934（4）：16.

巨大，这一时期花边出现在袖口、下摆边等位置居多。图2-22是月份牌中旗袍蕾丝花边袖口的几种形式，有双层套叠、有半透明网纱质感的。

　　江南大学民间服饰传习馆藏服饰花边主要用于女衫及旗袍的领边、袖边、襟边等位置，其造型种类大致有以下几种，都是以二方连续为主的连贯性装饰纹样（图2-23）。图2-24所示这件女褂中领围、门襟及下摆缘边采用的是具有立体效果的带状花边装饰，用粉色纱质材料折成小花瓣，黑色圆形扣作为中心组成一个花朵，再由略带弹性的弧形线条贯穿其中，组成边饰图案。因其具有立体效果，在袖口缘边并没有使用，以对称刺绣图案作为袖缘装饰。图2-25是花边在服饰中应用的不同种类造型图。

图2-22　月份牌中着蕾丝边旗袍袖口的应用

（图片来源：《赵琛中国近代广告文化》，《浮世绘影：老月份牌中的上海生活》）

图2-23　各种造型的蕾丝花边

图2-24　立体带状花边装饰

图2-25　江南大学民间服饰传习馆藏服饰花边造型图

（图片来源：江南大学民间服饰传习馆藏）

中国传统服装缘边装饰形式　／

## （二）网绣花边

通过山东沿海一带传教士的活动和外国洋行的商业活动，法国、意大利花边制作也开始流行，甚至成了当地的特产，而且多以出口为主。"中国花边工业之中心，以山东省烟台及其附近一带为盛……通常有格子花边与网形花边，其他莱州、青州、登州地方从事花边制作者颇多，殆已为山东特产物之一矣"❶。

1921年《妇女杂志》连续几期《花边举隅》教授花边织法。它所教授的花边织法传自西欧，也叫网绣，是花边的一种。网绣是用横线、直线、曲线、斜线等蜡条架构成一定的规则格子，然后在这些规格相同的格子里做挑花的一种针法，也就是将几何图案用在刺绣方面。绣的时候格子的颜色和格子内的刺绣图案可以各不相同，所以网绣的配色相当争奇斗艳。而相同格式的格子若绣上不同的刺绣纹案，那么"网绣"的针法，也就千变万化了。如图2-26所示网绣示意图。制作方法是将蜡线结成一方形格子网，然后挑花于网上。花样有大有小，有疏有密，狭而短的为衣裙上的装饰品，阔而长的可用于纺织品装饰。在《刺绣针法百种》一书中，将网绣的分类，归类为三角、四方、菱形、球纹、六角、万字纹、花卉纹、重叠式、镜面对称式、斗格纹、不规则式和空心扣等12种规则绣法。这12种规则之下，又能派生出数不胜数的变化。

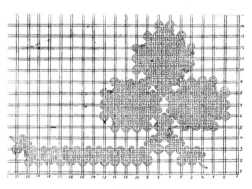

图2-26 网绣花边示意图

（图片来源：《妇女杂志》）

图2-27是《甘博摄影集》中记录的有关花边的图像，甘博是一位社会学家，致力于中国城镇和乡村问题的调查和研究。从他1908～1932年拍摄的影集中，可以看到手工制作的花边平铺于一块黑色的布板上，从形状来看有领边装饰，帽子、杯垫、包等，最下角的是用于衣缘的花边装饰。

❶ 周志骅. 中国重要商品[M]. 上海：华通书局，1931.

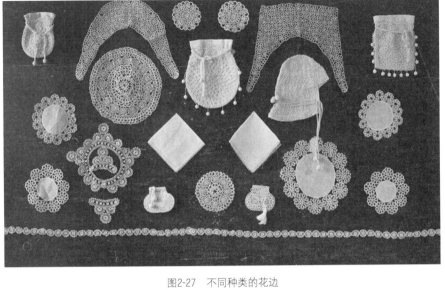

图2-27　不同种类的花边

（图片来源：《甘博摄影集》）

## （三）组带与织带

　　手工编织组带是用丝线以编组技法制作而成的长条，然后以刺针针法缝钉装饰。组带略窄，一般为0.5厘米左右。可单条使用，也可几条排比在一起使用。一般用于领、袖、门襟的缘边。大面积的镶边上使用，起到强调轮廓线的作用，同时也使缘边处理更加立体。如图2-28所示，左边是单独的未使用的组带，右边是运用在服饰中的效果，在领部黑色镶边如意云头上沿边勾勒出线条，有着醒目的装饰效果。

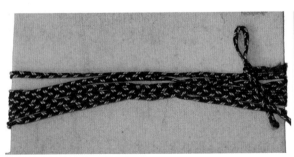

图2-28　单条组带及组带在服饰上的应用

（图片来源：江南大学民间服饰传习馆藏）

最早的编织组带实物是长沙楚墓出土的，长9.8厘米，宽4.6厘米，深褐色，组织结构有经无纬，用一组右经线和一组左经线呈45度角相互编织而成，每厘米左右经线各18根❶。在马王堆一号汉墓也有组带的出土。图2-29是用烟色和黄色的丝质经线篡织而成，织纹周正，作鱼尾状。

织带是比组带更宽的装饰带，因为有一定宽度，通常可以组成不同的图案花纹，也是汉代常用的衣饰装饰手法，1995年新疆营盘东汉墓出土的红地登高锦，图2-30是衣襟边缘用的织锦带，长35厘米，宽4厘米。纹样是云气动物纹，有"登""高"等字样。图2-31这一组彩条毛织带，是新疆洛浦县赛依瓦克一、二号汉墓出土，五条织带各具特色，色调以红黄为主，纹样以矩形纹及菱形纹为主，色彩和谐富有变化。

图2-32（a）是汉代红地菱格填花纹毛织带，1984年新疆洛浦县山普拉赛依瓦克一号墓出土，以蓝色丝线绣成菱形格子，内用黄色丝线绣变体云纹。图2-32（b）是红地朵花毛织带，同一地方出土。所用毛线是加捻的双股红线交叉纺织，用黄色线绣成菱形，中间填充十字纹样，两条织带均采用辫绣手法。图2-33同样是汉墓出土的青地对鹿纹毛饰带和十字花对山形毛饰带，却具有浓郁的地域特色，具有粗犷、原始、奔放的韵味。这种装饰带至今仍然在少数民族妇女服饰中使用。

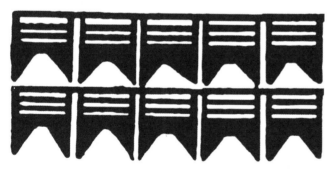

图2-29　长沙马王堆出土组带纹样
（图片来源：《长沙马王堆一号汉墓》）

图2-30　红地登高锦

❶ 湖南省博物馆，等. 长沙楚墓[M]. 北京：文物出版社，2000：415.

图2-31　汉代彩条毛织带

（图片来源：《中国织绣服饰全集：织染卷》）

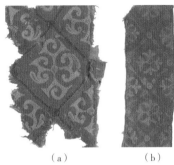

（a）　　　　　（b）

图2-32　汉代毛织带

（图片来源：《中国织绣全集：刺绣卷》）

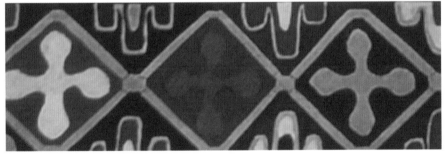

图2-33　青地对鹿纹毛饰带、十字花对山形毛饰带

（图片来源：《中国西域民族服饰研究》）

## （四）绦边

缘饰在发展过程中，人们发现它不仅有实用性，而且具有很高的装饰效果。除了华丽厚实的织锦外，各种编织的带子也常用作缘饰材料，这种带子在过去称之为绦子或绦边，是装饰衣物用的一种丝织窄带，也名偏诸，贾谊

《治安策》："今民卖僮者，为之绣衣丝履偏诸缘"。从考古出土的文物中，我们可以了解到两千多年前战国时期服装上已有缘边。如湖北江陵楚墓群中出土有绢和绦带，长沙广济桥五号墓出土的丝织品中也有丝带。《尚书·禹贡》记载荆州产"玄纁玑组"，是说在这个地区出产深青色、深红色的穿珠丝带。《说文》："带，绅也，男子鞶带，妇人带丝"。《逸雅》"带，蒂也。着于衣，如物之也"。唐人颜师古《汉书》作注："偏绪，若今之织成，以为要（腰）襻及褾领者也"。注："绦，一名偏绪，织丝缕为之，所以县僚承縻户喋，因为饰也"。综合推测，偏诸是一种织有图案，可为衣领、腰襻做缘饰的物品。如表2-4所列的马山楚墓出土的绦边种类与图案。

表2-4　马山楚墓出土的绦边种类

| 组织结构 | 分类 | 用于位置 | 色彩 |
| --- | --- | --- | --- |
| 纬线起花绦 | 田猎纹绦、龙凤纹绦、六边形纹绦、菱形花卉纹绦 | 袍领内缘 | 深棕、红棕、土黄、绛红、黑、棕 |
| | 连接组织绦 | 袍面 | 紫红、淡黄 |
| 针织绦 | 复合组织绦 | 动物纹绦—用于对龙对凤纹绣浅黄绢面绵袍领、袖缘和下缘拼接处 | 红棕、土黄、深棕 |
| | | 星点纹绦—E型大菱形纹锦面绵袍领缘部分，用于拼缝处 | 黑、棕 |

　　马山楚墓出土的绦带，有的用于衣衾缘，有的用于袍领、袖及下摆的镶嵌装饰。按其组织结构分为纬线起花绦和针织绦两大类，这些绦为单面纬编织和单面纬编提花组织，绦宽0.35~1.5厘米不等，都是双股钱编结加上正捻编织而成的。复合组织绦较为厚实，线圈不容易脱散，具有较好的纵向拉伸性。纬线起花绦有两色或更多色的纬线，一种为地纬，其他为花纬。龙凤纹绦（图2-34）、菱格六边形纹绦（图2-35）和田

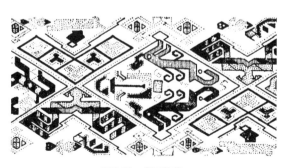

图2-34　龙凤纹绦

（图片来源：《江陵马山一号楚墓》）

猎纹绦（图2-36）都是用这种方法织造的，用于领的内侧装饰。例如，田猎纹绦，用于凤鸟花卉纹绣浅黄面锦袍和凤舞飞龙纹绣土黄绢面锦袍的领外侧，它所表现的是楚国贵族御马驱车、张弓射猎的场景，呈现出人们想象的世界与古代狩猎的场景，具有鲜明的时代特征。这些纬线起花绦的幅度与领、袍的缘边宽度相等，使用时根据需要直接剪裁成合适长度即可。

动物纹复合针织绦是目前世界发现最早的一件动物纹针织绦（图2-37）。织绦宽度为15厘米，厚度为1.55毫米，是由横向连接组织和单面提花成圈组织复合的针织品，结构厚实。花纹主题是一只奔兽，用深棕、土黄两色丝线提花；两只奔兽之间的彩条属横向连接组织，其用色有深棕、红棕及土黄，用于对龙对凤纹绣浅黄绢面绵袍，和锦及绢缝合在一起作领、袖缘。星点纹绦由星点组成类似蝶形的图案，用于E型大菱形纹锦面绵袍的领缘。图2-38为马山楚墓出土的"凤鸟花卉纹绣红棕绢面绵袴"，同样在缘边与袴面的结合处以及面料拼合处都嵌有绦带。

图2-35　菱格六边形纹绦

（图片来源：《中国丝绸科技艺术七千年》）

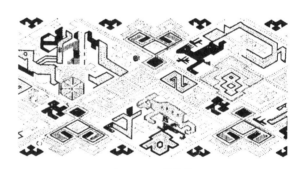

图2-36　田猎纹绦

（图片来源：《江陵马山一号楚墓》）

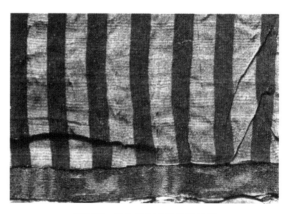

图2-37　动物纹复合针织绦局部

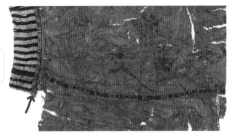

图2-38 绦带在服饰上的运用
（图片来源：《楚汉装饰艺术集》）

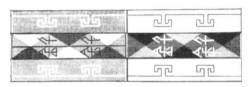

图2-39 繻缓绦（下）与千金绦（上）纹样
（图片来源：《长沙马王堆一号汉墓》）

汉代也使用绦带，湖南长沙马王堆一号汉墓出土的绦带有两种：图2-39中一种是用于装饰衣物的窄带，称"繻缓绦"，宽0.5厘米；另一种是"千金绦"，用来装饰手套和棺内包裹尸体的，这种绦上有篆书"千金"二字，绦宽0.9厘米和2.7厘米两种。这几种绦都是编织物，是由一组左经与一组右经成45度角，相互编织，编成图案和文字花纹，很美观。"千金绦"带的出土说明，长沙地区在战国时期还只有素色绦带，发展到西汉初期，已出现多色的提花绦带了。"千金绦"带是我国古代劳动人民在没有机械编织的时候，以精巧的双手，高超的技术，编织出来的。织物结构上具有正反面相同的图形，用不同色彩的经线编织，是汉初提花绦带画意写实的典型代表作品。可以说"千金绦"带是量小、费工、结构复杂的高级工艺品，它充分体现了古代劳动人民的技艺，为研究绦带织物发展提供了极有价值的实物史料❶。

1996年且末县扎滚鲁克34号西晋墓出土的动物纹缂织毛绦用"通经断纬"的缂织方法织出二行回首眺望、面面相对的变体动物纹图案，图案色彩艳丽，内容生动（图2-40）。

至清代，绦边运用最广泛，各种各样的花边应运而生，花绦成为人们，特别是女性服装的必需品，缘饰已达登峰造极之境。民间竹枝词"女服"就夸张地描述过"女袄无分皮与棉，宝蓝洋绉色新鲜，磨盘镶领圆明月，鬼子阑干遍体沿"❷。"阑干"指的就是镶绲绦条。指其沿饰的绦条数目之多几遍全身。清代花绦应用最多，长袍、马褂、坎肩、氅衣、鞋、袜、荷包、佩帖等

❶ 上海市纺织科学研究院，上海市丝绸工业公司. 长沙马王堆一号汉墓出土纺织品的研究[M]. 北京：文物出版社，1980：56.

❷ 邓云乡. 红楼风俗谭[M]. 石家庄：河北教育出版社，2004：172.

都大量使用。它虽与民间
绦边应用形式基本相同，
但绦的质料、工艺等相差
甚远。

　　清晚期的便服如氅
衣、褂襕、坎肩、马褂、
便袍等，都大量使用绦
边，有的衣服还要镶2～3
道绦边。清晚期不仅服装
上使用绦边，如皇帝平日
戴的"如意帽"有的也镶
一道窄绦边，晚清的靴
子、袜子均有镶绦边。清
代绦边均为纬线提花，宽
窄的规格很多，宽的可达
7～8厘米，窄的不到1厘
米。故宫博物院尚保存清
宫遗留下的大量绦边，可
了解到当时绦边的使用范
围广、用量大。"花绦"
居中衬放在白色纸带上，
花绦宽4.5厘米，为"宝蓝
色缎地织雪青色竹梅菊纹
花绦"（图2-41），花绦一
般用在后妃便服的衣边，

图2-40　动物纹缂织毛绦（西晋）

（图片来源：《中国织绣全集：织绣卷》）

图2-41　故宫博物院藏花绦

（图片来源：《清代宫廷包装艺术》）

图2-42　中国丝绸博物馆藏的两条近代绦边

（图片来源：中国丝绸博物馆藏）

袖口等处，如氅衣、紧身等服装上，极富装饰效果，在清中晚期十分流行❶。

　　图2-42是中国丝绸博物馆收藏的绦边。图案排列整齐，以绿色为地，中
间用黄色、白色、粉红色等丝线，织成以蝙蝠、盘长、花卉等组合而成吉祥

❶ 故宫博物院. 清代宫廷包装艺术[M]. 北京：紫禁城出版社，2000.

纹样为单元的二方连续纹样，花边一端还有以花树为主的连续循环纹样。图2-42右图这个绦边两端织以粉色的齿轮状纹样，中间饰以连续的盘长纹样。是这一时期常见的装饰纹样。

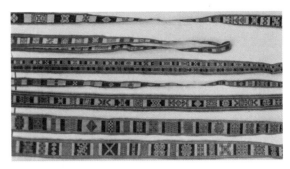

图2-43　不同纹样的织带

（图片来源：《华西协和大学博物馆图录》）

1925年《国货汇刊》中衣饰篇记载的花边种类繁多，有罗缎边、各种丝边、裙边、鱼鳞边、丝带边、丝光纱边、绣花边、珠边、闪光边、缎带边、彩银边、罗宋边等。1926年上海中华工业厂在《申报》所刊登的广告宣传文章中提到："绣花布所出之绣花衣边，花样多至百种，早已营销市上……出品以来，颇受仕女欢迎乐用" ❶。图2-43是《华西协和大学博物馆图录》里拍摄的各种花纹的织带。

# 三、纽扣

缘饰中出现的非服用材料主要集中于纽扣方面，纽扣的出现最早是在印度。考古工作者曾在印度河河谷发现用贝壳雕成穿有两个孔的护身符，这可能是公元前三千年以前的衣扣。

中国对于纽扣的文献记载很少，早期的服装，要使衣服合体保暖而不散落，便要借助于带子、绳子，后来发展为使用皮条、骨节之类。而使用时，就要系扣、打结。周代冠服制度规定，一般用布带、革带扣结衣服。西周末年至春秋时期，出现了直形和弧形的青铜带钩，并有花纹装饰，而内衣则使用丝麻带扣结。汉以后逐步为带扣所取代并且影响到后来的隋唐服饰。纽扣在中国的使用源于中国北方游牧民族出于骑射时便捷的需要，在窄袖圆领的

---

❶ 作者不详. 中华工业厂之绣花衣裙料[N]. 申报，1926-5-25.

袍服上多使用纽扣闭合服装衣襟。元代以后，衣服上纽扣广为使用，出现了金、银、玉、珍珠、金锦、布帛制作的华美纽扣。到了明代纽扣代替结带广泛使用，明代的金、银、玉纽扣，上面刻有图纹。发展到清代，纽扣的形制比较完备，有镂雕各种吉祥纹饰的，材质也更加丰富，有烧蓝扣、鎏金扣、翡翠扣、珊瑚扣等。到清代稍晚期，也使用金属、牛骨、玉石、塑料、玻璃制的扣子。

扣子在传统服饰上，可能以编结方式做成布纽结搭配扣绊使用，也有使用金属制或以石材类，如玉石、玛瑙等材质做成，而民国以后则多使用塑料制品或再以布包裹成布扣使用，江南大学民间服饰传习馆收藏实物纽扣分析表见2-5。布性材料以一字扣使用频率最高，为主要扣合方式，各种材料的纽扣占了25%左右。

表2-5　江南大学民间服饰传习馆藏的实物

| 扣子种类 | | 件数 | 所占比例（%） |
|---|---|---|---|
| 盘扣一字扣 | | 328 | 65.3 |
| 盘扣仿形扣 | 蝴蝶扣 | 8 | 1.6 |
| | 花型扣 | 54 | 10.8 |
| | 盘长扣 | 10 | 2 |
| 纽扣 | 金属 | 29 | 5.8 |
| | 牛角、木扣 | 3 | 0.6 |
| | 塑料扣 | 25 | 4.9 |
| | 暗扣 | 45 | 9 |

## （一）天然材质

天然材质的纽扣为取自大自然中的动植物制作而成的，如图2-44所示《今代妇女》杂志旗袍形象，有玉扣（图2-45）、玛瑙扣、贝壳扣、皮扣、兽角如牛角扣、植物果实果核扣、木头制成的扣子（图2-46）等。

## （二）金属材质

如图2-47所示一件深色女装，配上金色铜扣件，显得更加华丽美观，尽管这些扣件在服装上所占面积很小，但十分突出、明亮，其特点就是色相与明度的强烈对比。图2-48～图2-52是近代服饰中不同种类的扣子，大部分是纽扣与袢带的组合，材质各异，珍贵的材质以宫廷使用居多，如金扣、玉扣；民间所使用的以铜扣、珠扣、木扣、琉璃扣为主。

图2-51的铜质纽扣很有特色，与其他扣合系统不一样。它的纽头部分是可以活动的，将两个纽环重叠在一起套入纽头三角部分，然后将其打开，就可以将服装固定住。图2-52属于字形扣，推测材质可能为银质。

## （三）布料材质

盘扣式服装是近代服装闭合系统的主要类型，男、女服装通用。这种闭合方式常见于对襟褂和旗袍等服装，是近代服装门襟闭合的主要方式之一，

图2-44 《今代妇女》杂志
旗袍形象

（图片来源：《今代妇女》）

图2-45 烧蓝玉扣图

（图片来源：《清宫服饰图典》）

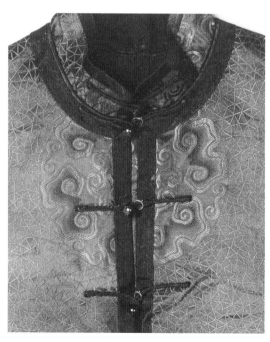

图2-46 木珠扣

（图片来源：江南大学民间服饰传习馆藏）

图2-47 铜扣件与衣缘的对比

（图片来源：江南大学民间服饰传习馆藏）

图2-48 金扣

（图片来源：《中国设计全集第七卷：服饰类编·佩饰篇》）

图2-49 鎏金扣

（图片来源：江南大学民间服饰传习馆藏）

图2-50 铜鎏金扣

（图片来源：江南大学民间服饰传习馆藏）

图2-51 铜扣

（图片来源：江南大学民间服饰传习馆藏）

图2-52　字形纽扣在旗袍中的运用

（图片来源：《永安月刊》）

图2-53　南宋黄岩墓出土纱袍

（图片来源：《丝府宋韵：黄岩南宋赵伯澐墓
出土服饰展》）

也是中国传统服装上作为扣合功能使用最多的一种形式，且兼具装饰性。

布料材质以盘扣为主，使用年代最为久远，从早期打结绑带慢慢发展而成，经常使用与衣身同色或相同材质的布料手工缝制而成。织物纽襻较早出土的实物来自浙江黄岩赵伯澐墓（1216年）出土的南宋交领莲花纹亮地纱袍右衽的斜襟处有一对纽子、纽襻，以作衣襟固定（图2-53）。另外，南宋江西省德安县周氏墓（1274年）出土的印金罗襟折枝花纹罗衫同样以盘扣系纽。

与其他材质纽扣相比两者所不同的是扣条，盘扣的扣条为软性的、圆弧的，这种软性扣条易于盘成各种造型，盘绕成形后以形状命名，如一字扣、琵琶扣等。盘扣的颜色也可以有多套配色，有着画龙点睛的装饰作用。纽扣则为硬性的、扁平的，盘扣的实用性较强，纽扣着重装饰性，两者几乎很少综合应用。在制作上，有相当大的差异，唯一相同的是，都必须有扣结的型态才具功能性。

作为中国传统服饰上具有扣合功能的盘扣，应用于服装缘边中具有装饰功能，这些花样别致的扣件在深色或浅色衣服上形成对比，如绲边一样具有强烈的装饰性。如图2-54所示盘扣在服装上不同的位置分布。

盘扣的结构有左右对称与不对称两种。"左右对称"指盘花左右两边的图形对称；"不对称"指盘花左右两边的图形有主次、轻重的变化，比较自由活泼。盘花的题材都选取具有浓郁民族情趣和吉祥意义的图案。盘扣的花式种类丰富，有一字扣、仿形扣、字形扣。

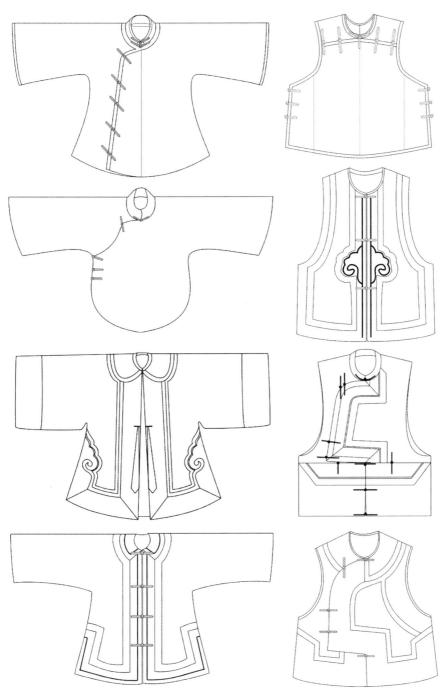

图2-54　盘扣在服装上的分布位置

（图片来源：笔者根据江南大学民间服饰传习馆实物服装绘制）

图2-55　仿形扣—寿桃

（图片来源:《明星》）

仿形扣以仿摹自然界的动植物形态为特点，图2-55是仿寿桃形态的布扣，如叶形扣，见图2-56（a）；菊花扣，见图2-56（e）；金鱼扣，见图2-56（c）。纽扣方面领下大身基本上都有纽扣，也有盘扣，这些都是以丝条或布条制成的，到后期也有使用金属、玻璃制成的扣子。

字形扣是以吉祥文字符号作为基础图形而做成的盘花扣，以此祈盼福、禄、寿、喜、吉之意，如佛手扣、如意扣等，见图2-56（d）。图形扣以追求表现形式的抽象概括为主，如一字扣，见图2-56（b），长条扣、盘长扣、波形扣等，见图2-56（f）。

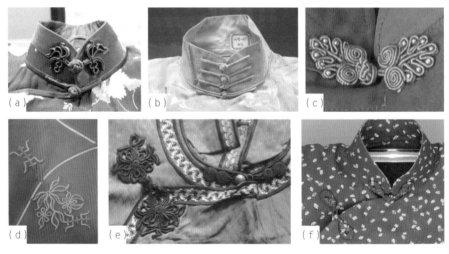

（a）　　　　　（b）　　　　　（c）

（d）　　　　　（e）　　　　　（f）

图2-56　各式各样的盘扣造型

（图片来源:江南大学民间服饰传习馆藏）

### 1. 扣条制作方法

（1）准备工作：盘扣的扣条以宽1.8~2.1厘米的正斜纹布条，当中置入4~6条棉线，见图2-57（a）。再以手缝方式缝合，见图2-57（b）。以手缝方式做出的扣条，虽较为耗时，但扣条具有圆润度，做出的盘扣会有饱满及光泽感。

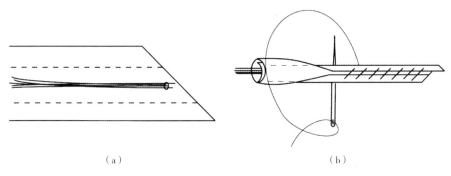

|（a）|（b）|

图2-57　扣条制作示意图

花扣条以宽1.8厘米左右的正斜纹布条，中间置入铁丝或棉线，以手工方式进行缝合。花扣的扣条同样需要正斜纹布条，裁剪宽度为：

（完成宽度×2）+（缝份×2）+厚度（夹入铜丝后测量）＝斜条宽度

一般而言，花扣的扣条完成宽度约为0.35厘米，不超过0.5厘米。扣条夹入铜丝后，需尽量以熨斗压烫使其成为扁平状，如此雕塑而成的花扣形状才能细致明显，又因其装饰性大于功能性，不能洗涤，所以固定于服装上时，不需太牢固，以方便拆卸。又因其夹入铜丝为硬质扣条，故定型容易。

（2）纽扣结制作步骤：中心点挂在食指上，右线绕在拇指上做个圈，见图2-58（a）（b）；先将右线圈自拇指上取出后穿出来，见图2-58（c）；向前翻面并用拇指夹紧，再取左线由右上方，压、挑、穿出来，见图2-58（d）；再拿左线经过右线尾下方绕过，再从右上方（线的后面）向中央穿出来，见图2-58（e）（f）；换拿左线经过右线尾下方绕过，见图2-58（g）；再从右上方（线的后面）向中央穿出来，见图2-58（h）；自食指取下，将线拉紧整理即成，见图2-58（i）。

### 2. 蝴蝶扣制作

同样需要制作扣条，之后按照所制的花扣造型盘成各种形状即可，图2-59是蝴蝶扣的制作示意图及完成图。制作的布条中没有放置棉线或铜丝，用的又是棉布材质，所以成品显得有些软，挺括感不好。用缝制好的布条从蝴蝶的翅膀位置开始向内卷入，需要紧实一些，之后用针线进行固定。之后按照造型继续摆出蝴蝶的身体，同样也是用针线固定。重复之前的步骤，直至完成。

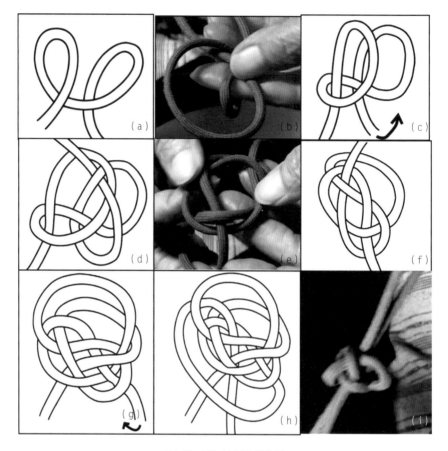

图2-58　纽扣结制作示意图

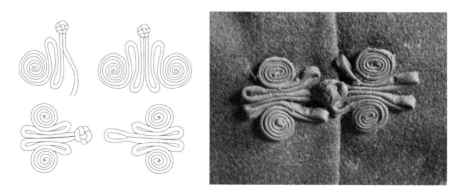

图2-59　蝴蝶扣制作示意图及完成图

## （四）其他材质

其他材质的扣子包括玻璃、陶瓷、塑料、复合材料等材质的纽扣。图2-60这件红色女衫所用纽扣为塑料材质。对襟，小立领，袖口呈倒大袖，领边、袖口、下摆均镶花边装饰，但也采用了西式的纽扣作为服饰的扣合系统，并在下摆左右两边各镶一口袋，像是民国过渡时期的服饰。

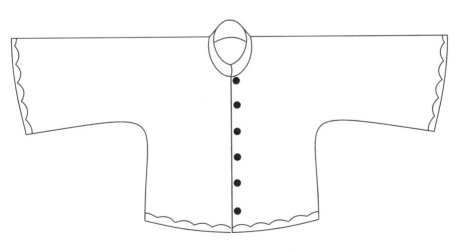

图2-60 西式塑料纽扣在女衫中的应用

（图片来源：江南大学民间服饰传习馆藏）

图2-61所示几件不同类型的服饰局部造型，其扣合系统为塑料纽头与传统纽襻的组合使用。

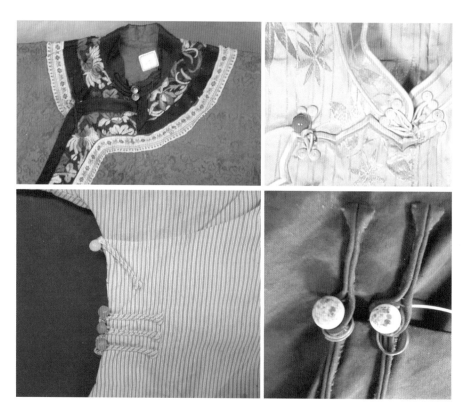

图2-61　江南大学民间服饰传习馆藏不同类型的塑料纽扣

（图片来源：江南大学民间服饰传习馆藏）

彩袂蹁跹
中国传统服装襟边缘饰

中国传统服装

缘边
YUAN BIAN

工艺表现手法

第二章

中国古代传统服饰上所应用的装饰技法以彩绘、印花、刺绣等为主。

# 一、彩绘与印花（金）

除了整幅浸染和染丝线织、刺绣以显光彩，在丝绸上以染料绘画（即彩绘）和印花也是重要的装饰手段。表3-1为其手法的分类。分为直接印花和防染印花。彩绘、印花品虽没有锦绣那般华丽，但制作却省时省工。印花是将纹样转印到纺织品上。1979年江西贵溪崖墓出土的型版印花织物，是目前已发现的最早的双面印花苎麻织物，表明在春秋战国时期我国劳动人民就已经掌握了印花技术[1]。隋唐时期印花织物种类已经比较丰富了，型版是当时印花的主要工具，宋代的印染技术在唐代的基础上，又进一步发展，印金比较流行。缬版印染也十分普及并且在纹样设计上摆脱了汉唐的图案风格，使南宋时印花技术达到了新水平。印花型版分为镂空版（俗称夹缬）和凸版印花（俗称木版印花）。凸版印花就是在木头上刻出花纹，类似现在的印章一样，然后蘸取颜色印到织物上。

表3-1  染缬技法分类表

| 直接印花 | | 手工 | 凸雕版 | 镂空版 |
|---|---|---|---|---|
| | | 彩绘、泥金 | 木戳印花、铜模印花、贴金、刷印花 | 彩印 |
| 防染印花 | 线防染 | 绞缬 | 无 | 无 |
| | 版防染 | 无 | 夹缬 | 无 |
| | 蜡防染 | 手绘蜡染 | 无 | 型版蜡染 |
| | 灰防染 | 无 | 无 | 蓝印花布 |

彩绘也是常用的装饰手法，即用染料在丝绸上绘画，它往往结合敷彩、印花、印金技术使用。洛阳殷墓就曾发现用黑、白、红、黄等色绘成的几何形图案的画幔。早在先秦时期就有出土的彩绘品，如湖北江陵九店410号楚

---

[1] 刘诗中. 贵溪崖墓所反映的武夷山地区古越族的族俗及文化特征[J]. 文物，1980（4）：29.

墓的2件木俑衣袍和1件残片，都是在绢地上用红、灰白两色粉绘四方连续菱形纹间S纹，色彩已部分脱落❶。湖南长沙马王堆汉墓出土的大批彩绘印花丝织品上十分鲜艳的红色，都是用朱砂描绘的，印花敷彩纱袍则是用朱砂、铅粉、绢云母（白色）和炭黑等多种颜料彩绘的❷。图3-1的图案为四方连续的藤本科植物的变形纹样，由枝蔓、蓓蕾、花穗和叶组成，图案的枝蔓部分，线条婉转，交叉处有明显的断纹现象，很可能是用镂空版印刷的❸。先用印出墨色的藤蔓底纹，然后用朱红、黑灰、银灰、棕灰等色分进行花蕾、花穗、叶片等的手绘敷彩，最后用白色勾绘、加点。如此印、绘的花纹虽不能保证各花纹单位细部都能整齐划一，但可以根据花纹的布置要求，使色调分布有厚有薄，有浓有淡，纹样层次分明，线条流畅，具有飘逸之感，充满生机，在印染和彩绘技法上都有较大的突破❹。

德安南宋周氏墓出土的衣衫中，有3件的襟边和袖边运用凸纹版印花技术。球路印金罗襟杂宝纹绮衫，襟边宽6厘米，上有凸版泥金直印的球路印金图案（图3-2），花纹循环长度为5.3厘米；印金折枝花纹罗衫，6厘米的宽襟上有两套金色花纹，其一为凸版泥金直印的杂宝花纹（图3-3）❺。

镂空版就是通过镂空印花版刷来印花纹。德安周氏墓出土的印花丝织品

图3-1　印花敷彩纱织物纹样（局部）及线描图

（图片来源：《中国考古文物之美·辉煌不朽汉珍宝（8）：湖南长沙马王堆西汉墓》，《长沙马王堆一号汉墓》）

❶ 湖北省文物考古研究所. 江陵九店东周墓[M]. 北京：科学出版社，1995：297.
❷ 赵匡华. 中国古代化学[M]. 北京：商务印书馆，1996：191.
❸ 湖南省博物馆，中国科学院考古研究所. 长沙马王堆一号汉墓[M]. 北京：文物出版社，1973：57.
❹ 刘兴林. 考古学视野下的江南纺织史研究[M]. 厦门：厦门大学出版社，2013.
❺ 孙家骅，詹开逊. 手铲下的文明：江西重大考古发现[M]. 南昌：江西人民出版社，2004：447.

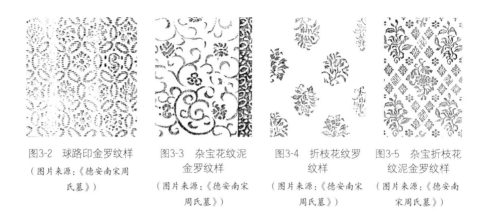

图3-2 球路印金罗纹样
（图片来源:《德安南宋周氏墓》）

图3-3 杂宝花纹泥金罗纹样
（图片来源:《德安南宋周氏墓》）

图3-4 折枝花纹罗纹样
（图片来源:《德安南宋周氏墓》）

图3-5 杂宝折枝花纹泥金罗纹样
（图片来源:《德安南宋周氏墓》）

也有6件，其中有一条折枝花纹纱裙上印有三套较完整的花纹，通过植物染料直印而成。另外有一件印金罗襟折枝花罗衫（图3-4），6厘米的宽襟上也有杂宝纹（图3-5）。

宋代妇女服装讲求淡雅，崇尚俭朴，花边制作很有特色。缘边装饰，主要运用在服装的领、襟、袖口、下摆、腋下、背中、袖中连接处等。除了一道缘边单独使用外，在服装的对襟处还有多道缘边一起并用的情况，并结合多种印染方式，如先镶一道彩绘、印金、刺绣或素色的宽边，宽边两侧再镶贴印金填彩的窄边。从表3-2可以看出，一件服饰仅仅在对襟的位置就有四种左右的花边，花边纤细秀丽，内容丰富。

表3-2　黄昇墓出土印花彩绘图案在缘边运用

| 衣服位置 | 不同的花边种类 | | | |
|---|---|---|---|---|
| 袍对襟 | 印花彩绘百菊花边 | 印花彩绘鸾凤花边 | 印花彩绘牡丹芙蓉花边 | 印花彩绘木香花边 |
| 单、夹衣对襟 | 印花彩绘海棠锦葵鹿狮花边 | 印花芙蓉、人物花边 | 印花彩绘蝶恋芍药花边 | 印花彩绘牡丹水仙、海棠、梅、兰、菊、山茶、桃花等图案花边 |
| 裙缘花边 | 印花彩绘荷花、白萍、茨菇、水仙花边 | 印花彩绘兰花、蔷薇、碧桃花边 | 印花彩绘飞鹤彩云花边 | 印花彩绘山茶梅、菊花边 |

从表3-3可以看出，德安周氏墓出土的服饰用于缘边的图案同样以印花与彩绘为主。除了凸纹的直接印花、镂空版的印花，还有扎染的运用。纹样以花卉题材为主，经常以单一图案重复出现，各种小团花，活泼且自然。

表3-3　德安南宋周氏墓出土服饰印染表图

| 服装名称 | 缘饰特征 | 图案纹样 |
|---|---|---|
| 印金罗襟折枝花纹罗衫 | 襟边有印金图案，宽边上有缠枝花、小团花，细边上有小团花 | 见图3-3 |
| 印花罗襟菱纹罗衫 | 领缘有点状扎染图案 | |
| 球路印金罗襟杂宝纹绮衫 | 襟边有球路印金图案，另有金色细花边，无法辨认 | 见图3-2 |
| 印花罗襟宝花纹罗衫 | 襟边、袖边有点状扎染图案 | |
| 樗蒲印金折技花纹绫裙 | 裙面有印金图案，摆缘、摆叉镶边印金图案几乎全部脱落 | |
| 驼色罗印花缘衫 | 领缘有印花图案，大部已脱落 | |
| 罗襟长安竹纹纱衫 | 襟边原的印金图案，现已不清晰 | |

## （一）印金

印金是用印花技术将金银粉末或极薄的金箔加入黏合剂并印制到织物上的工艺。泥金是用胶黏剂调入金粉再印或绘到丝织物的方法。大致有贴金、泥金等方法。从而制成金光闪闪、花纹色彩亮丽的印花织物。宋代初期，金银色涂料在服饰上如唐代一样流行，宋初一度禁止，到南宋时又逐渐解禁，宋代统治者曾以"山泽为宝，所得至难"为理由，禁止民间服用销金服饰，正是说明了宋代描金、印金、泥金服饰的流行。《宋史·舆服志》记载："其销金、泥金、真珠装缀衣服，除命妇许服外，余人并禁……七年，禁民间服销金及钑遮那缬。八年，诏：'内庭自中宫以下，并不得销金、贴金、间金、戭金、圈金、解金、剔金、陷金、明金、泥金、楞金、背影金、盘金、织金、金线捻丝，装着衣服，并不得以金为饰。其外庭臣庶家，悉皆禁断'"❶。

　　1995年新疆尉犁县营盘墓地十五号墓出土的绢面贴金氈靴是迄今为止发现的较早的贴金丝织物，上面缝有贴金箔的绢片。春秋战国使用薄金片捶成龙纹（或黼黻纹）钉在衣饰上，到后来织金（或贴金）锦之间，必有个过渡期，即用金箔银粉加工于服用上。印金泥银是缕金织绣的前驱，而缕金织绣是印金泥银丝绸加金一种发展的必然结果❷。马王堆汉墓出土的印花丝织物，一种就是泥金印花纱。图案由曲线和圆点构成，分布较密集，小圆点为金色（图3-6）。采用涂料色浆，以三块凸版分色印花方式加工而成。首先要印金线，其次要印银点，最后印白线（图3-7）。

图3-6　泥金印花纱织物纹样（局部）及线描图

（图片来源：《中国考古文物之美·辉煌不朽汉珍宝（8）：湖南长沙马王堆西汉墓》，《长沙马王堆一号汉墓》）

图3-7　泥金印花纱印花作业次序

（图片来源：《中国丝绸科技艺术七千年》）

❶ 脱脱. 宋史[M]. 北京：中华书局，1985：3574-3575.

❷ 沈从文. 沈从文全集：第32卷·物质文化史[M]. 太原：北岳文艺出版社，2009：83.

宋代的缘饰花边以印金彩绘为主要特色。宋代黄昇墓出土的彩绘，大多是在服饰的对襟和缘边上，通常采用的方法是先用浅色绘制出图案的大概纹样，然后根据需要，调配色浆，描绘出花纹的形状，之后上色，最后勾勒花纹轮廓。主要还是以花卉、鸟、鱼等写实类题材为主。图3-8从左至右依次为彩绘牡丹芙蓉花边、彩绘梅茶水仙花边、彩绘梅兰芦雁花边、彩绘狮子戏球花边。

　　黄昇墓出土的花边有12件，罗质，均为未经缝缀的料子。其中印花彩绘有两件，一件为五行狮子戏绶球纹，每行由四组踞、奔、立、跃姿态的狮子组成，每组花位长16厘米。另一件为五行蝴蝶芍药绶带璎珞纹，印金填彩的两件。花纹有茶花、菊花、芙蓉。另一件花纹六行，每行由荷花、菊花相间组成。在敷彩的大叶子上，工笔绘就人物、楼阁、鸾鸟、花卉等图案。叶的间隙处还绘有手执折枝花或荷叶的童子，站立于几凳上。出土时色为灰绿、灰蓝、褐、橘红等。泥金印花再填彩的花边，纹饰除常见的花卉纹外，还有香串流苏、绶珠飘带、鱼藻、狮子戏球等。饰边有三道，泥金一道，以提花山茶、百合、蔷薇为主；大襟边一道，绣山茶花，叶填彩等；暗花一道，印金芙蓉、叶填彩等（图3-9）。

图3-8　黄昇墓出土的各类彩绘花边

（图片来源：《福州南宋黄昇墓》）

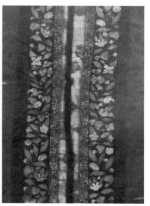

图3-9　宋代山茶花罗上衣及细节图

（图片来源：《中国织绣全集：历代服饰卷》）

## （二）贴金印花

　　黄昇墓除了普通的彩绘花边，还有一种效率更高的印花与彩绘相结合的方法，这种方法是将金箔用胶黏剂粘贴到丝织物上，"贴金印花是在阳刻图案纹版上，蘸上胶粘剂，在上过薄浆熨平的丝织物上，印出胶剂纹样"[1]。也就是说根据设计好的图案，在平整光滑的木板上雕刻出阳纹的图案，根据需要涂胶或泥金之类。金箔通过手工捶打制成，金泥的制法有磨削法和助剂研磨法。前者用翡翠石研磨黄金，如砚磨墨；后者为化学方法，即用清酒、水银等助剂并通过火焙获得金泥。印金用的胶黏剂主要有大漆、桐油、楮树浆、桃胶、骨胶、鱼胶、糯米糊、蒜汁、白芨等材料。图3-10是用阳刻凸纹版在黄褪色丝织品上蘸经胶着剂调和的金粉印花，再在叶子上加敷色彩。这种阳版的印花，多为条饰花边，镶在各种袍、单衣、裙边上的纹饰，花卉呈金线轮廓勾边，再描绘敷彩，最后用白、褐、黑等色或以泥金勾勒图案边缘。如图3-11所示印花彩绘芍药灯球花边是在薄浆熨平的丝织物上用凸版印模印上金线轮廓，然后用毛笔蘸彩手工敷色，其中花卉用粉红色，蝴蝶用橘黄色，灯球用铁红、黄色描绘。这种印花与彩绘相结合的方法，提高了生产效率。

---

❶ 福建省博物馆. 福州南宋黄昇墓[M]. 北京：文物出版社，1982：122.

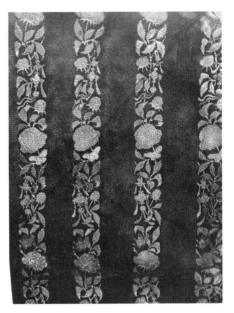

图3-10　印金敷彩菊花纹花边　　　　　图3-11　印花彩绘芍药灯球花边
（图片来源：《中国织绣服饰全集：织染卷》）　　（图片来源：《中国织绣服饰全集：织染卷》）

　　李清照《蝶恋花》："泪融残粉花钿重，乍试夹衫金缕缝"。即是描写这种服饰，其中的"金缕缝"，是因衫袖太大，布的门幅不够宽大，需要两幅进行缝接，拼接后的袖子会有道接缝，为了不使接缝外露，另作镂金花边装饰。如福建福州南宋黄昇墓出土的褐黄色罗镶印金彩绘花边广袖女衫，衣长120厘米，两袖通长180厘米，袖宽达69厘米，超过衣长的一半，在袖子中间的接缝处，缀有一道亮眼的金泥花边，与袖口、腋下及下摆的花边形成一体，显得格外华丽。

　　明代正德《松江府志》记载："入国朝来一变而为俭朴。天顺景泰以前，男子窄袖短躬，衫裾幅甚狭，虽士人亦然。妇女平髻宽衫，制甚朴古。婚会以大衣（俗谓长袄子）领袖缘以圈金或挑线为上饰，其彩绣织金之类，非仕宦家绝不敢用" ❶。龚炜《巢林笔谈》中记载："予少时，见士人仅仅穿裘，今则里巷妇孺皆裘矣，大红线顶十得一二，今则十八九矣，……团龙立龙之饰，泥金剪金之衣，编户僭之矣" ❷。

---

❶ 顾清，等. 松江府志[M]台北：成文出版社有限公司，1983.
❷ 龚炜. 巢林笔谈[M]. 北京：中华书局，1981.

# 二、刺绣

刺绣是一种以针与丝线共同在布面上穿梭完成纹样的手工艺，由于丝线特有的色彩与光泽，使得刺绣的纹饰具有绚烂华丽的效果，在远古时期，当人们有了麻织品、丝织品和皮毛衣物后，就开始在服装上刺绣图腾的纹样，由于实用性的功能，使服装更加牢固、经穿，同时也有装饰的功能，使服装更加美丽。文献记载最早见于为尚书、诗经对绣裳的描述，《说文》《虞书》《尚书》《事物原始》记载帝舜制定君王礼服，在衣服上给绣日、月、星辰、山、龙、华虫为上衣，宗彝、藻、火、粉米、黼、黻绣于下裳。位于仰韶文化墓葬陶器上发现织物痕迹，而陕西华县发现朱红色麻布残片。迄今为止发现最早的出土物是在陕西宝鸡发现的西周刺绣残片。根据人类学的研究与推测，刺绣纹饰的产生可能是来自早期人类黥面的风俗，在服饰出现后便利用针线表现纹饰以增加服饰的华丽。刺绣在衣边装饰中，常用的针法有以下几种：锁绣、平绣、打籽绣、钉线绣、十字绣、布贴绣等。

## （一）直针系列

直针系列刺绣的图案都以同一方向的针法来完成，平绣绣面光滑平整，最能表现绣线亮丽闪耀的光泽，为刺绣的基本针法。一针一针并排，起落针都必须绣在图案轮廓线内，针脚排列需整齐均匀，若面积较大或需配色则采"套针"方法，即多用几套配色来进行，套针的运用可以使图案有层次、颜色渐变的效果。图3-12为中国丝绸博物馆收藏的刺绣几何纹边饰，推测可能为北朝时期一件服饰上的边襟，为绢地刺绣，用褐色、黄色丝线以平绣绣成，针迹较大，线为双股合捻。图案是菱形几何纹。如图3-13所示绢地刺绣莲花纹绣片以绢为地，其上刺绣莲花纹，针法以平绣为主。推测为袖口部分的装饰，同样也是中国丝绸博物馆收藏，年代不详。图3-14是江南大学民间服饰传习馆收藏的一件袖口，刺绣手法是平绣。绣地是黑色，用平针手法绣出花瓣及叶片。

## （二）锁针系列

锁绣是最古老的针法之一，因刺绣线圈结构类似锁链被称为锁绣，因绣

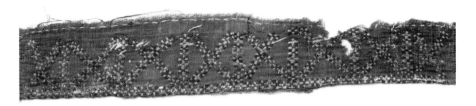

图3-12　几何纹刺绣边饰

（图片来源：中国丝绸博物馆藏）

图3-13　绢地刺绣莲花纹绣片

（图片来源：中国丝绸博物馆藏）

图3-14　袖口平绣刺绣手法及细节图

（图片来源：江南大学民间服饰传习馆藏）

面结构布满孔隙较不反光，色彩厚重，且线条弹性好，边线清晰富立体感，绣线结构坚固扎实、耐洗、耐磨，是最实用的绣法。以并列的等长线条，针针扣套而成。针连线向前绕圈，把针从原来线出来的地方戳下，从下一针要绣下的一点穿上来，如此反复进行。

　　锁绣是我国自商至汉刺绣上的一种主要针法。锁绣较为结实、均匀。陕西省宝鸡市茹家庄西周中期墓发现丝织品痕迹，有以锁绣针法刺绣的文物出土，用双线条刺绣出卷曲的草叶纹和山形纹。河南安阳殷墟妇好墓出土的铜觯，上附有菱形绣残迹，其绣纹为锁绣针法。湖北马山一号楚墓出土的21件刺绣品上的图案均为锁绣，主要用作物件的面和缘边。绣地以绢为主，其中图3-15浅黄绢刺绣舞凤逐龙纹绦以深红、黑色绣线绣龙凤纹，凤凰姿态成S状，优美流畅。用针走向依凤身结构变化，十分巧妙。图3-16小菱形纹锦绵袍袍缘用的是凤鸟花卉，浅黄色绢作底，绣线可见红棕、土黄及黄绿色。

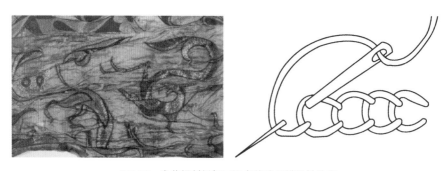

图3-15　浅黄绢刺绣舞凤逐龙纹绦及辫绣针法图

（图片来源：《中国织绣服饰全集：刺绣卷》）

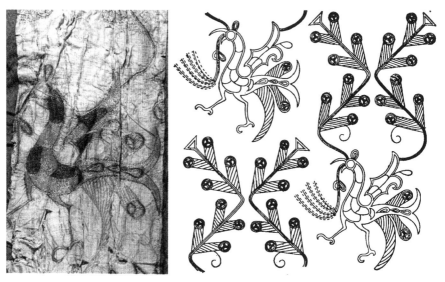

图3-16　小菱形纹锦绵袍袍缘刺绣纹样（局部）及线描图

（图片来源：《江陵马山一号楚墓》）

新疆等地出土的各类东汉刺绣，主要仍用锁绣法。1958年发掘的湖南长沙烈士公园3号楚墓中出土的几件绣品，就是在极细的丝绢上，用锁绣法绣出龙凤图案的精美丝织品，主要也是采用锁绣绣成的[1]。如图3-17所示东汉浅灰绢刺绣花鸟纹锯齿型花

图3-17　东汉浅灰绢刺绣花鸟纹锯齿形花边

（图片来源：《中国织绣服饰全集：刺绣卷》）

边于1955年甘肃武威磨嘴子出土，"从花边形状来判断，它是当时一件女装的领边"[2]。花边采用辫绣手法，在不到一厘米的三角形空间内绣出姿态各异的水鸟，可见其刺绣工艺已经达到很高的水准。另外湖南长沙马王堆一号汉墓出土的黑色罗地信期绣纹样，在黑色罗绮织物上绣有穗状流云和卷枝花草图案，均为锁绣针法（图3-18）。图3-19为江南大学民间服饰传习馆收藏的民间荷包，其边缘的刺绣运用的同样是锁绣。

辫形锁绣边是以合捻衣线在荷包边缘用辫形锁针进行锁绣。作用类似我们现在的锁边。可增加边缘的耐磨性，绣边的运用在荷包中比较常见，通过

图3-18　采用锁绣绣法的黑色罗地信期绣局部细节及线描图

（图片来源：《中国考古文物之美·辉煌不朽汉珍宝（8）：湖南长沙马王堆西汉墓》）

❶ 石泉. 楚国历史文化辞典[M]. 武汉：武汉大学出版社，1996：408.

❷ 张立胜. 物华天宝[M]. 兰州：敦煌文艺出版社，2010：379.

图3-19　锁针绣法荷包

（图片来源：江南大学民间服饰传习馆藏）

重复二次刺绣，使用对比强烈或颜色相异的绣线，可挑织出多种花纹、图案甚至文字。绣边的图案以二方连续图案为主，由于线迹加绣边比较厚实，多用于平面的荷包装饰，抽绳打褶类的荷包一般不用此装饰。图3-20与图3-21是刺绣手法示意图，利用不同方向的线的交叉产生不同的图案。需从正面起针，反面抽出后向右倾斜约45度。绕到正面距边约0.5厘米处扎针，自反面抽出后回正面自下往上绕嵌绳1圈，在起始针右侧开始扎第2针，如此重复。在此基础上，通过穿插或者换不同色的线，来形成不同的图案。如图3-22所示的荷包袋盖部分与包身部分由不同的刺绣图案构成。

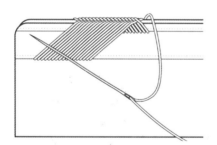

图3-20　荷包边缘的基本锁绣方法

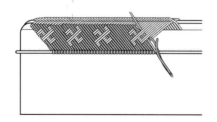

图3-21　荷包边缘二次刺绣所构成的图案

图3-22　锁绣针法的荷包

（图片来源：江南大学民间服饰传习馆藏）

## （三）打籽系列

　　打籽绣也是古老绣法之一，以绣线缠绕针尖成结子，在绣面上形成结点的绣法，通常是以钉线之类将图案轮廓确定下来，再以打籽绣法细密的将结子铺于图案内部，把线在针上拉紧缠绕几圈后，左手指压住线结，右手抽线再将针从靠近出针处戳下，便绣出一个结子，如此反复绣满图形即可。打籽绣的特点是绣纹立体感强，有厚度，也最坚固，不易破损断裂，所以在一些绣品易磨损部位常运用此针法。如图3-23所示蝶恋花打籽绣大袖女衫，在黑色镶边上所绣的蝶恋花图案用的便是打籽绣针法，是在缘边装饰中常见的针法。

图3-23　打籽绣大袖女衫及刺绣细节图

（图片来源：江南大学民间服饰传习馆藏）

## （四）盘金钉线系列

　　以金银线盘绕出整个图案，再用绣线来固定的绣法，称为"盘金"。如图3-24所示大袖女衫，在袖口及下摆缘边处采用的盘金绣手法，金线的运用使得整件衣服看起来金碧辉煌，与大红面料相搭配，充满喜气，盘金绣的运用使服饰的轮廓线清晰明了。以金银等金属线钉饰图案边框的方法称为圈金，也有加强视觉效果的作用。

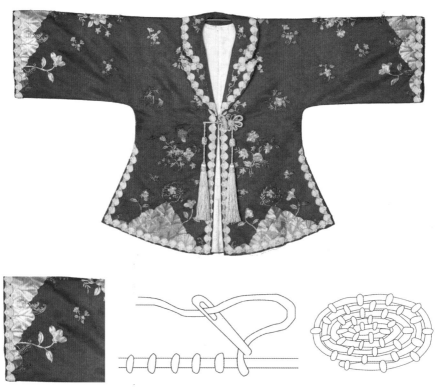

图3-24　盘金绣大袖女衫及袖口刺绣细节图

（图片来源：江南大学民间服饰传习馆藏）

## （五）编织针系列

　　编织针系列主要以十字绣为主，此绣法多用在平纹织造的面料上，以十字或交叉线的绣法拼绣成各种图案，十字大小一致，抽拉线要力量均匀，才能保持布料平整。通常分为单色绣、彩色绣，绣法简单。

如图3-25所示菱格花刺绣棉袖边是无锡七房桥明墓出土的，长12厘米，宽4.5厘米，所采用针法是十字绣。用在袖边可增加衣物的穿着寿命。如图3-26所示套裤裤脚缘边同样是十字绣，以花纹、花盆组成的花卉图案。图3-27中的一件女装袖口所运用的刺绣手法为十字绣，用黑色的线在橘色面料上进行刺绣，十字绣所绣图案在衣缘中以二方连续纹样及几何纹样为主，图中所绣图案由两条宽窄不同的几何纹样组成，宽的一条以万字纹结合花纹组成。较窄的一条以菱形及花卉图案构成。十字绣图案装饰性强、耐洗、耐磨，现今在一些少数民族地区运用得比较多。

图3-25　菱格花刺绣棉袖边

（图片来源：《钱家衣橱：无锡七房桥明墓出土服饰保护修复展》）

图3-26　套裤裤脚缘边十字绣图案及细节图

（图片来源：《华西协和大学博物馆图录》）

图3-27 袖口十字绣装饰及刺绣细节图

（图片来源：江南大学民间服饰传习馆藏）

## （六）贴布系列

民间织绣品传统工艺技法之一，也称"补花"。是用各色小块布料或丝绸、锦缎等剪出所需的装饰花形，粘贴在绣品需要装饰的部位，再在花形缘边等部位用针绣锁绣固定。也有与刺绣、抽丝、手绘、印染等工艺相结合的。贴布绣制品因选料和工艺的特殊性，形成图案造型简练，装饰性强，色彩丰富，有浓郁乡土气息的民间艺术特色[1]。图3-28袖口缘边所用手法为贴布绣，将面料剪成花卉图案及叶片层层拼贴，并在花瓣上做晕染处理，形成花朵的渐变效果。

图3-28 袖口布贴绣装饰及其细节图

（图片来源：江南大学民间服饰传习馆藏）

## （七）挖云工艺

挖云是一种工艺，是将织品挖成云头图案，衬在不同颜色的织物上作为装饰。早在清代《红楼梦》中有描述："黛玉换上掐金挖云红香羊皮小靴，罩了一件大红羽纱面白狐狸的鹤氅"[2]。1880年《申报》有记载：衣缘部分"缘必三四寸，

---

[1] 车吉心，梁自絜，任孚先. 齐鲁文化大辞典[M]. 济南：山东教育出版社，1989：890.

[2] 周定一. 红楼梦语言词典[M]. 北京：商务印书馆，1995：875.

（a）　　　　　　　　　　　　　　　（b）

图3-29　挖云图案细节图

（图片来源：江南大学民间服饰传习馆藏）

四边阔边，其衣服仅露中心一块，缘上更加以挖花衬里，使成片绸缎剪碎雕缕而不之惜"❶。结合馆藏实物，可以看出挖云是按照所需要的图案将面料剪出花样，再沿图案边缘缝绣钉牢，把毛边收拾美化成框，框里在贴衬以绣制美观的绣纹的技法。从馆藏的实物可以看出，挖花的运用一般集中在衣物或裙子的下摆部分，图案各异，以蝴蝶居多。图3-29（a）（b）均为不同造型的蝴蝶图案。

工艺流程：

（1）准备阶段：缝制工具和辅助材料主要有：针（五号）、棉线、顶针、纸、铅笔、剪刀、丝绸布料、浆糊、底布、熨斗等。

（2）画花样：根据想要复制的挖云样式（图3-30）画出小花样（图3-31），沿线迹剪下花样。

（3）上浆：选取比较厚实的真丝布料，根据面料厚薄程度决定用两层或三层面料进行上浆处理。将面料反面朝上沾浆糊均匀涂抹，多余的浆糊用刮刀去掉，干后用熨斗熨平，并用手轻轻抖动面料使其恢复弹性。

将纸样图案附在面料上沿着线迹用针扎一圈，将图案转印到面料上，使面料上印出图案的针迹，见图3-32（a）；然后将灰色部分区域用剪刀剪成镂

---

❶ 作者不详. 申江陋俗[N]. 申报，1880-3-30.

图3-30　挖云实物图

（图片来源：江南大学民间服饰传习馆藏）

图3-31　挖云花样

（图片来源：江南大学民间服饰传习馆藏）

（a）

（b）

图3-32　挖云针迹图及裁剪区域图

空状，见图3-32（b）。

　　准备1.2厘米宽的斜裁布条进行衍边，顺着面料剪开的边缘进行针缝处理，将布条与面料对齐，在距离边缘处0.2厘米处下针，见图3-33（a）。针由背面穿出，绕过边缘后再从面料背面刺出，与第一针平行，以滚筒状的针法围绕边缘进行缝制。直至所有边缘与布条都缝合在一起，见图3-33（b）。缝制要点：上面的斜布条弹性比较大，缝制时不能拉扯与面料缝合，而是要使其面料松散些，利于下一步缝制。拐角处的处理：需要将布条重叠一部分，与面料进行缝制，否则在面料拐角处不容易翻转过来。

　　所有边缘与布条缝合好后，将布条反转包住面料边缘，进行回针的缝合（图3-34）。布条翻过来进行缝合时要用手指紧紧掐住，这样边缘会比较坚实。图3-35是完成后的挖云小样，受限于手头的丝绸材料比较软，厚度也达不到所复制的面料的厚薄程度，因此制作出来的花样立体效果达不到所复制花样的程度。

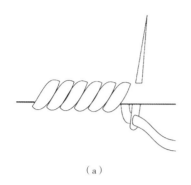
（a）

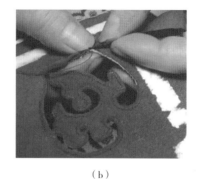
（b）

图3-33 挖云制作缝制细节图

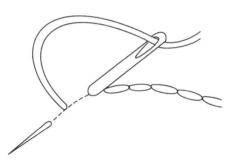

图3-34 回针针法

图3-35 挖云缝制完成图

# 三、装饰性针法

装饰性针法是指借各种不同的材料来丰富、增加绣面的美观，主要有流苏、结穗、钉片（铜泡）、珠绣等。

## （一）结饰（流苏）

流苏与结穗是绣品缘边的处理方式，流苏即穗带。流苏边一般是指由丝线拧成的穗子，长短不等，有的穗子上还带有装饰性的盘长、小结等丝织物。通常在服饰或纺织品的边缘及末端使用，流苏边在服饰中作为缘饰也别具特色，古时很早就已有流苏装饰，清代继续沿用。

穗音同"岁"，比喻岁长，祈长寿之意。流苏与结穗都是垂绦形，流苏可用本布经纱来做，抽去纬纱之后，自然成形，若要长流苏就得另外加多道等长、头数相同的丝线或棉线。图3-36的流苏边倒大袖女衫很特别，在缘边位置饰以金属片制成的流苏。然而流苏太长容易打混，于是就将之打结子，整理出结穗的装饰。图3-37就是将五颜六色的流苏结成穗子后运用在裙边。图3-38这件清宫的雪青色直径纱纳绣竹子纹女上衣采用了晚清官廷常用的装饰手法，在领、襟、袖口镶边，其中袖的金线流苏独具特色，有流光溢彩的效果。

图3-36　流苏边倒大袖女衫

（图片来源：台湾历史博物馆藏）

图3-37　凤尾裙边缘结穗

（图片来源：江南大学民间服饰传习馆藏）

图3-38　雪青色直径纱纳绣竹子纹衬衣袖口流苏边

（图片来源：《清宫服饰图典》）

## （二）钉片（铜泡）

钉铜泡及小镜片是民间家用绣品常见的技法（图3-39）。古代以铜为镜，用铜泡，用镜片。

## （三）珠绣

也称穿珠绣，是指串穿珊瑚，琉璃珠，珍珠等小珠子再钉绣于图案上的方法。珠绣一般都是沿衣的结构线钉于服饰中，呈现出线状图案，装饰形式、立体效果丰富。通常是先串好米珠，再隔两粒珠一针短针"钉线"来固定珠串（图3-40）。

  图3-41是新疆伊犁昭苏县波马古墓出土的红地缀金珠刺绣花纹残片，该残片由两片面料拼接在一起，疑似是袖口缘边与衣片的位置。面料材料是红色菱纹绮和褐色的绢，面料上除了用黄色丝线绣忍冬叶纹样，还使用了大大小小的金珠和珍珠装饰，将珍珠盘缀在纹饰上，共同组成了联珠纹样。钉金箔或亮片点缀绣饰的方法，可使绣品显得活泼、美丽。如图3-42所示在旗袍领的位置缀有串珠装饰，图3-43与图3-44都是珠片装饰在缘边的运用，尤其是图3-43的女上衣，用珠片组成图案镶嵌在衣边上，显得精致美丽。民国时期出现的珠绣是将一些亮片、珠子等装饰物串成串用线绣成图案，也可以单片散饰在绣品上。

图3-39　有铜泡的云肩

（图片来源：江南大学民间服饰传习馆藏）

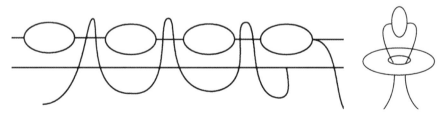

图3-40　串珠示意图

图3-41　红地缀金珠刺绣花纹残片

（图片来源：《中国织绣全集：刺绣卷》）

图3-42　旗袍上的西式串珠装饰

（图片来源：《老月份牌广告画上卷》）

图3-43　女上装珠片纹样图

（图片来源：江南大学民间服饰传
习馆藏）

图3-44　女上装钉珠片图及钉珠与绣片细节图

（图片来源：江南大学民间服饰传习馆藏）

## （四）绒球

　　绒球是用固定好的线团剪开所形成的球状物体，即使在现在也会在服饰品中使用，早在1930年《今代妇女》杂志介绍编织术一文中，就有绒球的制作方式。

　　如图3-45所示绒球的制作步骤，以厚纸板剪成铜钱大小的圆形，在圆形中心穿一个小洞，将毛线穿于厚纸板与孔之间，将厚纸板外边穿满后用剪刀将毛线剪开，在中间位置将其束紧，将纸板除去，将毛线散开，组成一个绒球。图3-46中这件妃红缎绣花卉纹连衣裙是一件儿童穿着的裙子，其袖边与下摆运用的是绒球装饰，色调与服饰整体颜色统一。

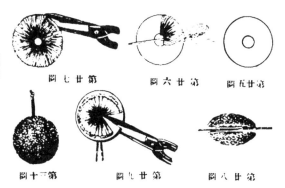

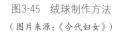

图3-45　绒球制作方法　　　　　　　　图3-46　妃红缎绣花卉纹连衣裙

（图片来源：《今代妇女》）　　　　　　（图片来源：江南大学民间服饰传习馆藏）

# 四、缂丝（毛）

缂丝不同于织锦和刺绣，是以通经断纬的技术织造的特殊手工艺品。缂丝是织锦技术的创新品，由汉代以来的缀锦、缂毛，到唐代经技术演化而成的织物。织物结构为平纹组织，遵循"细经粗纬""白经彩纬""直经曲纬"等原则。即本色经细、彩色纬粗、不露经线等。

1973年中国考古学家在新疆的吐鲁番阿斯塔那遗址中，发现了一件十分珍贵的缂丝带，系于一穿衣的女舞俑身上（图3-47）。这件有几何纹的缂丝腰带，是中国目前发现的最早的一件唐代缂丝实物。长9.3厘米、宽1厘米的缂丝织品，以草绿、墨绿、橘黄、中黄、黄棕、白等色缂织成几何纹样的带子[1]。此缂丝带的花纹形象、图案配色与当时中国通行的装饰风貌迥然不同。

图3-47　几何纹的缂丝带

（图片来源：《纺织品考古新发现》）

---

[1] 新疆维吾尔自治区博物馆. 1973年吐鲁番阿斯塔那古墓群发掘简报[J]. 文物，1975.

1982年，新疆都兰墓地出土一条唐代缂丝带子（图3-48），宽5.5厘米的缂带上以十字形小宝相花为主题。图案循环经向约4厘米，纬向约2.8厘米。参与都兰所出丝织品鉴定的赵丰先生特地指出，它的缂断之处不仅出现在色区的缘边，还出现在色区之内，丝线均加Z向强捻，与西北地区的缂毛技术有明显的传承关系，也显示出缂毛风格在缂丝初期的应用❶。出土于新疆克里雅河下游新古城（圆沙古城）的缂毛绦（图3-49），以红、白、黄褐和黑四色织

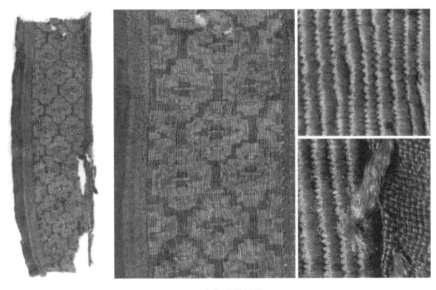

图3-48　十字形缂丝带

（图片来源：《纺织品考古新发现》）

图3-49　兽头纹缂毛绦

（图片来源：《纺织品考古新发现》）

❶ 赵丰. 纺织品考古新发现[M]. 北京：中国丝绸博物馆，2002：99.

成。图案似兽头纹，白底为兽面，红黑方格作为眼睛，而红地上褐色似为兽角。缂毛绦宽1.6厘米，兽头高约3.6厘米[1]。图3-50为宋代绿色镶缂丝花绦素绢夹袍，1984年新疆喀什地区麦盖提县采集，衣身面料由绿色素绢制成，上下连接，在腰部有褶皱，衣物缘饰在袖口、肩膀及下摆处一圈镶边，领部由上至下摆处也镶有同样花绦。镶边为黄地缂织花卉纹样。

图3-50　绿色镶缂丝花绦素绢夹袍
（图片来源：《中国织绣全集：织染卷》）

---

❶ 赵丰. 纺织品考古新发现[M]. 北京：中国丝绸博物馆，2002：99.

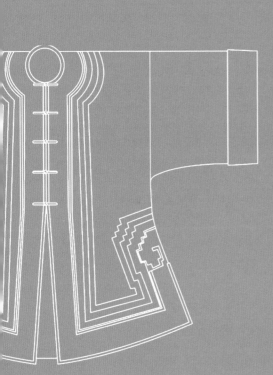

# 襟边

JIN BIAN

## 缘饰纹样与色彩

从人类学角度来看，早在史前时代人类就已经懂得装饰，原始部落不但装饰自己制造的器物，也装饰自己的身体，装饰可以说是人类的一种本能，装饰的产生，是基于其对外界的敬畏而产生本能性的装饰。"在原始艺术活动中装饰为重要的一种艺术表现，从身体到器物都与装饰有密切的关系"❶。服装纹饰有可能为古代原始氏族文身的一种习俗转移至衣裳，其文身的图腾象征意义，也就延伸至服装上。

《艺术概论》指出，所有原始民族套装的艺术品，都不是纯粹审美动机出发，而是基于实际的目的：一开始或许起源于对器物的加固作用。"纹样装饰的最原始阶段，它的最初面貌或许正与它的实用基础，也就是加固、防滑、开启以及指示等方面的功能息息相关"❷。原始的装饰艺术是因为有实际目的而产生的，那时人类相信灵魂不灭，产生自然崇拜，促使信仰与宗教形成，如祭典仪式之类，许多器物、服饰等各种设计之物相继产生。对不同地位阶级产生不同模式与形态。最常见的就运用外显特征的图案纹样与色彩。它们具有丰富的艺术价值，包括视觉造型艺术、装饰艺术、手工艺术、色彩的搭配艺术等。

# 一、传统服装缘边纹样装饰艺术表现

中国纹样发展的历史十分悠久，每个时代的设计题材与风格皆有其特别之处。纵观历史发现，从人类原始时期产生的图形、符号，一直到现代我们将艺术分门别类后，一些常被使用的主题，从古至今依然存在，甚至不曾改变，如花卉纹饰图案、龙凤纹、云纹、几何纹等。改变的是，同一主题因人为工艺技法的表现形式差异，使纹饰产生不同时代的特征。纹饰图案的工艺技法，在随着每个历史朝代的更替、流传区域的不同，总会与当时、当地的材料工艺、艺术技巧、社会风尚相融合，产生更为鲜明的时代特征和地域特

---

❶ 陈国钧. 文化人类学[M]. 台北：三民书局股份有限公司，1977.

❷ 田自秉，吴淑生，田青，等. 中国纹样史[M]. 北京：高等教育出版社，2003.

色，成为传达文化内涵的重要讯息。传统服饰讲究气韵合一，为了不破坏服装的整体效果，又能使其风格多变，衣缘纹样的变化成为装饰的重要手段。纹样从表现艺术形式来看，分为具象、抽象、意象等形式。在缘边的运用大概分为几何纹样、动物纹样、植物纹样、吉祥字纹。

## （一）抽象形式——几何纹样

艺术的起源，来自人类的模仿与想象，古人对于自然环境的不同认知而产生了各种信仰，这些信仰促使先民在面对变化多端的自然界时，将视觉上的复杂空间转化为较为安定的抽象几何形态，这便是早期纹饰的开始，同时也是原始先民感性思维与集体意识的一种体现。当时的艺术家已经掌握了艺术的形式语言：重复和节奏。

花边的题材多为几何纹样—波浪纹、三角纹、卷云纹、回纹、漩涡纹以及花叶纹等，这些纹样几乎都是用点、线来组成的，大多运用对比、虚实等手法，表现出黑白、疏密、粗细等节奏和韵律。

柏拉图认为绝对的美存在于几何形态、纯粹色彩之中，美是一种知性的抽象。他认为美的种类是秩序、均齐有限度的，几何形态拥有的就是秩序美。

几何纹多以对称形式出现在织品上，具有安定、平衡的作用。最早应用在织物上的是商代绮织物中的方角螺旋纹样品中的几何纹（图4-1）。菱纹格纹饰出现于夏商时期。相同组织的丝织物残痕，在北京故宫博物院收藏的玉刀上也有发现。在商代青铜器上常见的云雷纹纹饰，其特色大多为二方连续的横S形，即所谓的"有角的螺旋纹"。河南安阳侯家庄商遗址出土石像雕（图4-2）有交领右衽短衣，短裙，衣缘裙褶，裹腿，翘尖鞋，宽腰带，衣饰

图4-1　商代菱形纹织物残痕复原图
（图片来源：《织绣》）

图4-2　河南安阳侯家庄商遗址出土石像
（图片来源：《李济考古学论文选集》）

回纹、方胜纹等，衣领缘边上为勾连雷纹。"图案的装饰主要表现在服装的领口、袖口、前襟、下摆、裤脚等缘边处及腰带上；表现形式主要是规则的回龟纹、菱形纹、云雷纹，而且是以二方连续构图形式来表现的"[1]。从装饰图案来看，商朝期间纹饰的选用来自对自然界的观察及生活的形态记录。纹样显得规矩、严整，构成的形式也较均衡整齐。

春秋战国时期出现了动物、几何抽象等纹饰。菱纹格纹样更为复杂，织锦上几何纹的造型与色彩丰富多变，且多以对称形态出现。如图4-3所示对龙对凤纹绣浅黄绢面绵袍是以条纹锦与菱形纹锦作为主要的装饰图案。

隋唐时期，几何纹色彩华丽、造型繁复，主要原因不外乎域外文化的传入，唐代几何纹样在组织形式上别具特色，骨架没有明显的几何线面交叉分割，而是直接由单位几何纹的组合排列构成。到了宋代，出现大量几何纹，其题材仍然千变万化，且更加严谨、丰富、端严庄重，堪称我国几何纹的典范[2]。宋代织品的几何纹题材大致有：八答晕、六答晕、方棋、龟贝、球路、宝照、柿蒂、方圣、四合、象眼、盘条、锁子、间道、簟纹、宝界地等。

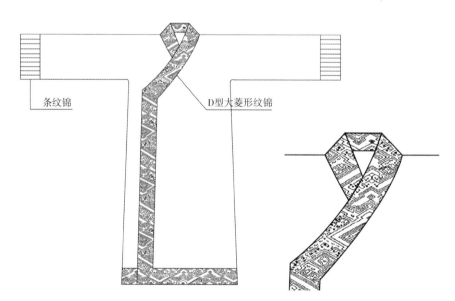

条纹锦　　　　　　　　　　　D型大菱形纹锦

图4-3　对龙对凤纹绣浅黄绢面绵袍缘边图案示意图

---

❶ 李厚清. 论图案在服装设计中的装饰性特征[D]. 苏州：苏州大学，2008.

❷ 回顾. 丝绸纹样史[M]. 哈尔滨：黑龙江美术出版社，1990.

几何图形有很强的独立性，可以设计成不同形状，适合不同的布局与位置。几何纹样为所有传统纹样当中，最简单也是应用最广的一种，在各种器物上都有几何纹样的出现，又由于织品本身都是由经线和纬线构成，因此织品最适合以几何纹样或是几何样式的图案花纹呈现。几何形在纹样中的特点是：

（1）简洁性：舍弃复杂的现实形象，是客观事物规律的抽象化结果。具有某种合理的平衡效果和视觉性，它是有规则性的图形，能够给予明快且理性的视觉效果。

（2）明晰性：经由艺术取舍达到简洁，剔除更多理性思维因素，因此在单一意义中具有明晰的效果。

（3）符号性：可以将造型重复反复，具有很强的符号作用，承担着传达的中介功能。就其几何纹样构成方式主要可归纳为三种：菱形构成、条纹构成、综合构成等。用在服饰缘边作为边角花纹，多重复使用。无论在绘画、雕塑、建筑及设计上都可运用。

魏、晋时期的纹饰，除了沿袭汉以来的艺术风格外，仍不断吸收外来文化，使传统题材、风格形式乃至美学思想都产生了变化，且因佛教盛行，纹样内容除鸟兽花草及山水主题外，更扩展至人物、佛像与文字等，表现手法趋于写实，在线条设计上则略显粗犷。综观魏晋南北朝在政治、经济、军事、文化和整个意识形态上的转变，将传统装饰艺术与外来佛教相融合，形成工艺美术造型风格与价值追求的改变，人们借由宗教获得心灵寄托的同时，更提供了宗教发展的空间并使象征圣洁超凡的莲花纹样广泛盛行。莲花纹样因受宗教艺术的影响，成为南北朝时期重要的装饰之一，充分体现了艺术造型的多样与统一。

## （二）具象形式——植物纹样

植物纹样在我国装饰艺术史上，大致可分为两种类型，一是由本土文化所形成并发展出的植物纹样，如史前的植物纹样。一是受近东、印度与阿拉伯文化影响之下所出现的忍冬纹或缠枝花纹装饰纹样。并以后者的影响居大。在我国装饰史上，商周时因为在鬼神崇拜的时期，各种器物大部分以动物纹样为多，极少见到植物纹样，直到春秋战国晚期，才有一些植物随着生活纹样一起出现。"魏晋南北朝以后，植物纹样成为十分流行的装饰；特别是忍冬花或莲花纹样，堪称最重要的装饰之一"❶。自唐代以来，中国古代的装饰纹样开始大量出现花草纹，究其原因，一方面是受佛教传入中土后的美术思潮影响，另一方面则是因为人类在时代的进步下，逐渐摆脱天或神的观念束缚。表现在装饰题材上，最明显的莫过于原先多属于陪衬角色的花草纹，进入唐代以后，成为器物装饰的主要题材。

隋唐服装缘饰常用团花、联珠纹样和穿枝花纹，女服的缘边多选用雍容华贵的团花图案和小的联珠纹样，之后随着人们对折枝花卉的喜爱，许多自由不对称的花形出现在缘饰上。除了在敦煌窟壁画中存有大量形象资料外，在"虢国夫人游春图""簪花仕女图""捣练图"等绘画中，更可具体看到唐代服饰和装饰花纹，反映着唐代丝织花纹的华丽多彩。通常直条的连续纹样以各种花卉组成，花卉之间卷叶相连，多用于衣服缘边。

团花珠圈为中心，中间纳以祥鸟瑞兽或花卉图纹，这是唐代织物中最具特色，最常用的装饰纹样。图案内容有盘龙、凤凰、麒麟、狮子、天马、避邪、鹤、孔雀、芝草、莲花、忍冬及宝相花等。图案规范、工整、连续、对称、部分形象趋于写实，色彩浓重鲜艳又不失调和。联珠纹饰当中，织片上的色彩需依其经纬线不同而变化，常出现的色彩为暗橘红、深蓝、白、土黄和绿色。联珠纹开始盛行时，图案充满异域风情，安史之乱后的联珠纹逐渐以植物花卉为主要题材，例如，小联团花纹锦在衣边上的运用。燕妃墓壁画吹洞箫女伎半臂上的花纹为小团花（图4-4）。吐峪沟出土条幅绢画乐舞女着翻领袍服，其缘边图案也是类似的小团花（图4-5）。

织品图案种类繁多，与西方植物图案的融合，写实花鸟纹及团花的运用，呈现出丰富高雅的风格。动物、植物、花鸟、家禽等纹饰，均具有用色大胆明快的特征，在浓郁的花鸟卷草纹饰上表现出丰富的配色。织品图案也已经跳出汉魏以来神秘和怪诞造型的特征，而是展现出形象写实、造型丰满，色彩艳丽的审美观。织品图案构成中，融合外来纹样的特色，吸取异域文化的冲击，产生唐朝特有的织品纹饰形式和构成。自唐代至近代，多数的器物装饰皆以花草纹为主。发展至宋代时，原本在唐代盛极一时的宝相花、对鸟、对兽等纹样退居次要地位，反而以生动自然的写生折枝花、穿枝花等大量花

---

❶ 叶刘天增. 中国纹饰研究[M]. 台北: 南天书局有限公司, 1997.

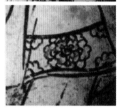

图4-4 吹洞箫女伎半臂
袖缘团花花纹图

（图片来源:《中国民族西域
服饰研究》）

图4-5 乐舞女翻领缘边团花纹及细节图

（图片来源:《中国民族西域服饰研究》）

鸟纹成为宋代织品的主要内容❶。文人花鸟画、工艺美术盛行，植物花纹最为普遍，变成民间的吉祥纹样。

宋代妇女服装讲究淡雅，崇尚俭朴，纹样受花鸟画的影响，具有写实严密的风格，几何填花、花纹组合、动物纹饰种类繁多，以山茶、菊、梅花、牡丹及鸟、蝶等花鸟类为主。花纹装饰往往集中于袖、襟、领等边饰，这些花边制作很有特色，从出土的实物来看，缘饰的图案多用印金彩绘的装饰手法，纹样的组织形式主要有连续式、散点式、每种形式在实际操作中又有多种不同的变化样式❷。两宋时期以秀丽清新为主调，由于受到绘画影响，纹饰线条生动活泼，形象自然。许多使用植物为题材的纹样显得更加多彩多姿。发展至此，装饰题材创新种类繁多，表现出了植物性纹样的丰富性与多变性。纹饰变化多端，有百菊、牡丹、芙蓉、木香、海棠、锦葵、水仙、山茶、桃花、白萍等花卉，有鸾凤、鹿寿、狮球、蝶恋芍药、飞鹤彩云等动物纹，有印花芙蓉人物花边。

❶ 茆先云. 宋元时期植物装饰纹样的文化解读[J]. 中国美术，2010（1）：128-129.

❷ 夏燕靖. 中国艺术设计史[M]. 沈阳：辽宁美术出版社，2001.

第四章 中国传统服装襟边缘饰纹样与色彩 ／ 185

这个时期题材以写生花卉为主，有的将一年四季的各种花卉组合成"一年景"的图案。陆游记载："靖康初，京师织帛及妇人首饰衣服，皆备四时。如节物则春幡、灯球、竞渡、艾虎、云月之类，花则桃、杏、荷花、菊花、梅花皆并为一景，谓之一年景。而靖康纪元果止一年，盖服妖也"❶。其构成方式有：团花式、散点式、折枝花式、穿枝花式及连续式等。唐代盛极一时的宝相花、对鸟、对兽等纹样退居次要地位，生动自然的写生折枝花、穿枝花以及大量花鸟纹成为宋代的主要丝绸纹样，色彩淡雅柔和。我国花纹样少有标本式、花束式的构图，有别于世界其他国家，自成一格。纹样趋于写实，较之唐代纹样的宗教色彩，它已经完全市俗化了，比起历代纹样强调祥瑞意义，它更注重纹样的装饰性。如图4-6所示褐色罗镶花边广袖袍图案示意图展示的是花边纹样在服饰位置的应用，以二方连续的细花边作为点缀，运用各种手法将社会的政治伦理观念、道德观念、宗教观念都与装饰纹样的形象结合起来，表现出某种特定的含意，也几乎是有图必有意，有意必吉祥。如牡丹象征富贵，灵芝、桃子、菊花象征长寿等。

而明清之际，植物纹样依旧蓬勃发展，文人对于花品花性的研究，借物传情，以表达理想与吉祥的祈盼。到了清代，植物花纹装饰无论是瓷器、雕器、织物等，普遍喜用各种植物花纹，题材似乎更为广泛。其中植物纹样中

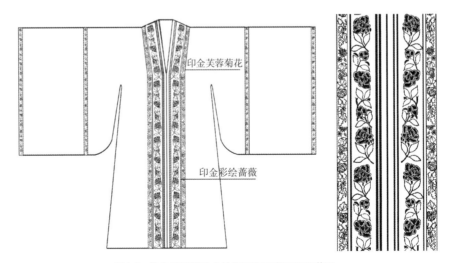

图4-6　褐色罗镶花边广袖袍图案示意图及细节图

❶ 陆游. 老学庵笔记[M]. 北京：中华书局，1979：27.

最受青睐，反映着人们对美好事物的追求与向往。而植物纹饰之所以成为吉祥图案，源于它的生长特性、外观形态、实用性等可以表达人们的某些情感，借由植物来表达，所谓"言不尽意"，某些复杂的情感，只可意会不可言传的东西，用语言表达具有局限性，而立"象"可以尽意，就是说借助其形象，可以充分表达思想。自唐代后，装饰纹样以花草纹为主。由于生产力的发展与观念的更新，隋唐开始花草纹的应用进入另一阶段的高峰，一反商周时期大量运用动物为主的表现题材。花草纹的应用代表人的觉醒，对于自然当做欣赏的对象，以满足生活的需要。

## （三）意象形式——动物纹样（禽鸟类）

动物纹样的运用从商夏到六朝几乎占据了我国古代时期的一半，动物纹样的表现有真实的形象，也有幻想的各种非现实动物。当人类与动物经过长期的搏斗而获得胜利后，许多威猛的动物形象，也成为先民模仿的对象。人类对猛禽的模拟心态其实相当复杂，既出于畏惧，也出于崇拜。人类还会融合多种动物的特征，创作出现实并不存在的动物，这类动物纹样多具有威严恐怖的形象，充满神秘的气息，因此也容易被人们赋予神话般的色彩与想象意义，古代商周时期的兽面纹就是很好的例证。

马山一号楚墓出土的一件舞凤飞龙纹绣土黄绢面绵袍，衣领外侧饰有纬花车马人物驰猎猛兽纹绦，衣领内缘饰有龙凤纹绦。沈从文先生对此描述："用杂彩纬丝起花，在极小面积中织成不同形状规矩的图案，甚至能织出车马人物逐猎猛兽的惊险紧张场景；组织谨严，织造精工，为以往所未见，似为专供衣领边缘使用而制"❶。如图4-7所示的图案示意图。

这一时期纹样的一大特点是龙凤的运用，从出土的衣物可以看出龙凤是楚地丝绸和刺绣中最为丰富的题材之一，当时刺绣图案的主题多为飞凤和蟠龙，其中凤的数量更多。葛洪《抱朴子》记载："夫木行为仁，为青，凤头上青，故曰戴仁也。金行为义，为白，凤颈白，故曰缨义也。火行为礼，为赤，凤嘴赤，故曰负礼也。水行为智，为黑，凤胸黑故曰尚知也。土行为信，为

---

❶ 沈从文. 沈从文全集：第32卷·物质文化史[M]. 太原：北岳文艺出版社，2009：72.

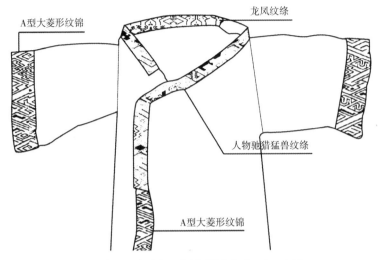

A型大菱形纹锦

龙凤纹缘

人物驰猎猛兽纹缘

A型大菱形纹锦

图4-7　舞凤飞龙纹绣土黄绢面绵袍缘边图案示意图

黄，凤足下黄，故曰蹈信也"❶。有关凤鸟的传说具有各种的美德，传说中的凤有仁、义、礼、智、信等美德。中国五行——金木水火土，和凤鸟身体部不同颜色做结合：颈部呈白色、喙部为红色、胸部呈黑色、趾爪呈黄色。由此可看出在人们心中对凤鸟寄托了理想高尚的品德。《说文解字》："凤，神鸟也……见则天下大安宁"❷。凤作为天下太平的象征，传说若逢太平盛世、君道清明有仁德，就能感动天地，凤凰就会翔于天下。凤凰象征着维系古代社会和谐安定的力量，被视为是圣贤者受天命致太平的瑞应鸟，在民间传说中，成为纯洁爱情、美满婚姻的象征。

在马山一号楚墓里的18幅绣品中，10幅有凤有龙，7幅有凤无龙，只有1幅有龙无凤，春秋战国时期织品技术发达，丝织品上的凤鸟形象丰富多变，图4-8是出土的绵袍大襟和下摆缘边的装饰图案。从图案中可以看出：马山楚墓里凤鸟的造型丰富，每只形态不一，有飞翔、追逐的，更有昂首阔步、鸣叫的，有的与龙相斗，还有的和植物花卉融为一体，极富变化。纹饰中的龙凤形态各异，不同姿态的飞龙舞凤，盘绕串连着卷藤蔓草的茎叶、花蕾。楚

图4-8　江陵马山一号楚墓出土服饰中的凤鸟形象

（图片来源：《江陵马山一号楚墓》）

文化中❶最典型就是楚人尚巫的信仰习俗，重视人与神之间的沟通，这时期由于较少受到宗族礼法制度的束缚，艺术风格相当自由活泼，和当时北方的艺术风格截然不同，发展出属于南方特有的浪漫情怀，凤鸟的形象也显得舒展流畅。构成战国绣品的典型风格，即似叶似凤、似真非真、真假朦胧兼具写实和抽象的艺术风格。

　　西汉晚期到东汉，由于神仙思想盛行，从皇室、贵族，到一般的平民百姓，无不追求神仙之术，求仙不再是帝王的专利。另外，西汉末年政局动荡，人心不安，谶纬之说流行，这样的氛围借由对神仙世界的向往与寄托，反映出的装饰题材有四灵、神禽异兽、羽人、云气纹等。汉代服饰上的刺绣、印花多是在几何图形的基础上，大量采用鸟兽、云纹、茱萸花卉和吉祥文字等题材。

　　动物图纹在汉代以前多为中国的传统题材（例如：凤凰、雀、鹤、鸳鸯等），到魏晋南北朝后转变成许多亚洲各区域的珍禽异兽，当中有狮、象、牛、羊、鹿、马、猪、孔雀。此风格的转变，与当时萨珊波斯的织物盛行有密不可分的关联。

　　魏晋南北朝时期运用圆形、方格及对称的波状几何隔出空间成几何骨骼，在内填充动物纹、植物纹和几何纹样。位于山西省太原市迎泽区郝庄乡王家峰村东王墓坡地带的徐显秀墓壁画中，右侧前排仕女所穿裙子缘边有联珠纹样，也是目前发现最早使用联珠纹样的图例（图4-9）。联珠纹起源于波斯，象征着波斯萨珊王朝的权力。联珠本来是一种刻意制造的形制，后逐渐

---

❶ 楚文化，一般分广义和狭义两种，狭义指考古学上的楚文化，大体上指湖北、湖南、安徽、河南等原本隶属于楚境遗址里，发现的春秋、战国时期楚国的文化遗迹，广义的楚文化则是指以长江中游、江汉平原为重心，由当地原住民和西周前后移居者在特质和精神两方面所创造的多元文化。

图4-9　徐显秀墓壁画局部—联珠纹细节图

（图片来源：《北齐徐显秀墓》）

演变成一种图形的骨架纹样，由大小相同的圆珠连接而成。在联珠中间添加各种图案。联珠除了中间纹样的象征意义外，还有美好而神圣的寓意，象征着太阳、佛珠、生命等。徐显秀墓出土的壁画中可以看出，两位女子的衣缘图案都是联珠纹样，一个主题是佛像头，可见这一时期宗教的盛行；另一个是动物纹对鹿形象。

# 二、服装缘饰纹样的文化意蕴

中国服饰纹样的历史发展其实就是一部体现中国美学思想的发展史。它是人类追求美的具体表现之一。

## （一）纹样符号与象征意义

人们不仅生活在现实的物质世界中，而且还生活在自己创造的符号世界中❶。在原始社会中，人类将自己对自然界的认识，以自己能够理解的方式，转换成另一种他人可理解其义的符号象征。符号作为传递人类讯息的一种中

---

❶ 苟志效，陈创生. 从符号的观点看[M]. 广州：广东人民出版社，2003：6.

介物，也可视为一种人类用来传达讯息的方式。人类的需求与价值观借助于符号得以实现。在人类的食、衣、住、行生活中，都可以看到人类自己所创造出来的各种符号。纹样是一种符号的象征，要了解装饰纹样的价值，必须探讨装饰纹样的符号语言。

自从人类穿衣御寒开始，纹饰图案就开始装饰服装，而纹饰的演进也随着编织技术的提升，提供了视觉美感及符号功能。缘饰的纹样图案与各个时期的织造技术、染织刺绣工艺和审美风尚紧密相关，纹饰的演变也随着纺织技术的提高，逐渐多样化、华丽化。历代传统纹样有数万种，均有其丰富性、多变性，但不变的是中国纹样皆具有"吉祥"之意，其思想直接反映在器物或是纹样上。

贡布里希在《秩序感：装饰艺术心理学研究》一书中认为研究图案应研究象征符号，以了解某些古老纹样的意义。"人类远古图腾活动中，其展现的形态虽然是原始社会的巫术礼仪，却也影响了宗教、艺术、哲学内涵，反映在器物上则是各式形制与花纹"❶。传统纹饰本身有相当长的发展历史，才形成今日的面貌，在发展的过程中，纹饰图案经历了一次次的加工锤炼，成为更为圆满的图形。纹样最初所有的造型元素皆有其特定的意义，但随着时间的推移和不断来自外界的刺激，有些部分被固定了下来，成为人们日常生活中习以为常的文化象征。当这类意义广为流传时，具有该意义的物品便成为该意义的代表性象征物。许多器物上的纹样，都是难以理解的抽象符号，而这些符号都带有仪式性的意义，如青铜器上的兽面纹，有一种说法是来自不同部落所崇敬的对象，也有说法是在仪式上可以上达天厅的神兽，这些共同说明了纹饰是一种意识行为下的产物，"所有的纹样，原先设想出来都是作为象征符号的，尽管其原来的意义在历史发展的过程中已经消失"❷。原始的纹样成为熟悉的文化符号，变成工艺上的装饰元素和宗教上的神圣图案，这种转化的过程为历史的必然。而随着文明的发展，新的部分也一直被添加，使得整体造型更为华丽活泼，纹样中的元素被转化、提炼，所以这时图案本身已部分或全部失去原先精神上的用途和原先文化环境中的特有意义。

❶ 秦孝仪. 中华五千年文物集刊·服饰篇[M]. 台北：出版社不详，1989：88.
❷ E.H·贡布里希. 秩序感：装饰艺术的心理学研究[M]. 长沙：湖南科学技术出版社，1999：151.

## 1. 纹饰的象征意义

任何纹饰都有其象征意义，若器物的制作是科技与物质文明的具体表现，那么器物上的装饰纹样就是精神文化的具体表现。任何图案来源包括自然物体、人造物体、想象的事物和符号，都是以某种视觉方式加以诠释的，方式有写实、造型、抽象、几何等，写实是以自然或人造物体作为描绘对象，只有具体可见的物体才能作出写实的描绘；造型是以描绘自然物体或人造物体，虽经过变色、简化、平面化、扭曲造型或其他各种变形处理，但仍可分辨出所代表的物体；抽象是以自由开关、简单造型与线条，将人类的想象以视觉方式呈现；几何的方式是特殊的抽象，源自人类的想象且不描绘任何物体，不易造成分散注意力的效果。

器物上的纹样，都有不同的意涵，这与中国绘画的概念不谋而合，在中国绘画中不只讲求笔墨、空间意境、更要求达到诗书画一体的妙境。在表象描绘的同时更赋予精神层面的意境，北宋郭熙在其《林泉高致·画意》中提到"诗是无形画，画是有形诗"❶，体现出中国几千年来文人画家将"诗画本一律"的意境奉为圭臬。

中国人向来以主观思想进入客观物像中去领悟体会，发现其韵味、精神。对意境的追求远胜于对真实场景的追求。古人观物取象，由象着意，意从象出是一种经验式的思维。从思维方式来看，意象方式大量运用象征手法，借助象的类比来达到对形而上的意的向往和追求。象征也是借助符号，用暗示和启发联想的方式来表达情感需求。中国传统思维方式更注重隐喻层面，老子的"道"、理学家的"太极"都不能用言语表达、用逻辑思维去表达，靠的是直觉、顿悟，是类似艺术的思维。是以"象"传达深度，效仿自然、追求自然、塑造内心与自然契合的形象，从而获得心灵寄托，寻找自我存在的价值。

中国传统服装中，装饰纹样最能显示哲学思想的精髓，几千年来，人们对于祈福、长寿、喜庆、富贵有着不变的追求与向往。以图喻义，具有丰富的祈福纳吉思想，展现出中国传统服饰特有的思想结构。缘饰内

---

❶ 吴孟复，郭因. 中国画论[M]. 合肥：安徽美术出版社，1995：467.

的图案也是如此，在狭小的空间里，纹样的装饰不仅满足了人在视觉上的美感，也满足了心灵、精神层面的追求。纹样所选取的内容，都是个人情感的一种流露，将情感寄托在其中。缘饰纹样在题材上丰富多彩，将山水、花鸟、云气、吉祥物、神仙、神话故事、戏曲人物、生活人物等各类素材与元素展示于小小的方寸之间，主张着天、地、人同源同根，平等和谐的文化思想，在身体上展露以形写神，诉说寄寓传情的美学思想。在相应的空间范围内，建立起一套约定俗成的美学标准，表达一种对美感的追求。

明清时期盛行吉祥寓意的图案，象征、谐音、文字、比拟等纹样及自然天文纹样（水波纹、云纹）物件，辅助纹饰不断与日常生活互相影响，形成中国在艺术虚拟性上借物移情的美学观。清代服饰的图纹继承了中国固有的传统，在其服饰制度中，这些图纹各有其精神寄托，象征着伦理、哲学、道德等意义。如在官服制度上，显示着穿着者的道德、阶级，有着"惕励"的寓意；在一般民间服装则以显示"吉祥""如意"为多，满足人们心理乞求平安与审美的需求，追求物质生活与心灵的精神契合。

## 2. 缘饰线性审美艺术

纹样装饰最初可能来自实用功能的考虑，然而随着装饰技巧与表现形式的逐渐成熟，人类爱美的天性，激发了视觉的审美感受，或许在这样的美感活动中，装饰纹样由实用功能，逐渐导向以对称、平衡、规律、节奏甚至是模拟等形式为主的艺术表现。就像衣服上的纽扣，原本只是用来扣合衣服的实用部件，但经过时间的焠炼，纽扣除了实用功能外，也增添了华丽的装饰功能。

线是对客观物体的一种抽象概括，在自然中原本并不存在。它是面的浓缩、点的延伸，寓意广泛形式多样，人类几千年的绘画史都与线紧密相关，在绘画艺术中扮演着人们认识和反映自然形态时最简单明了的表现形式。线条以或粗或细或长或短或曲或直的表现形式，呈现出柔美、刚强、光滑、粗糙等特性，同时带给我们远近、高低、延伸、轻快等冲击感，释放着律动之美。线条通常是对事物的一种概括，通过线条的组织来创造形象、图案、肌理，经过长期的深化，线条的运用也越来越有表现性，线具有引导人的视线

的作用，视线会随着线的起伏、转折而运动，因此线条在构图形式上也具有重要作用。

　　线条具有最直接的表达性和独特的造型功能。人类早期的艺术行为就是以线条为造型手段。在中国画中的线除了界定轮廓，还可以表现物体的质感、空间感、层次感、肌理、节奏与韵律及力量感。而缘饰装饰也是由线条构成。线形纹包括如意云头纹、波浪纹、螺旋纹、方胜、盘长、金钱纹等。螺旋纹是云、水之意，也是龙蛇的象征。而方胜、盘长等，寓意驱邪祈福之意。线形纹饰多应用于盘扣之中，在缘边装饰中也有应用。如图4-10所示，不同的织带组成的线条给人不同的视觉美感。上图完全对称的服饰线条运用显得工整，而下图交叉线条的运用显得比较活泼。图4-11中局部缘边的使用效果，显示出线条的流畅性与动感。这些线条的使用，不论是对称工整或圆滑流畅，都在传统的服饰装饰中体现出中国独有的思想观。

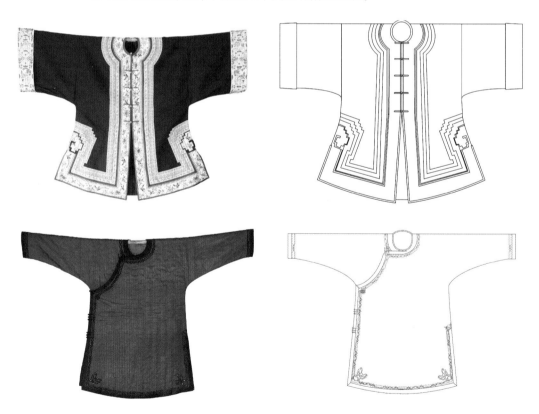

图4-10　线条在服饰边缘中的运用

（图片来源：江南大学民间服饰传习馆藏）

图4-11　线条在服饰边缘中的运用

（图片来源：江南大学民间服饰传习馆藏，《台湾早期民间服饰》）

　　缘边中线条所具有的流畅性，是中国艺术特征与哲学思想的体现。中国传统艺术以线为主体的风格特征，追求材料与造型线条共鸣所产生的如行云流水般的浑然天成。衣边的运用具有流畅悦目并富于变化的特点。我们可以从缘边匀称流畅的几何纹饰中看到其表现出的精神内含。如太极，以柔顺的曲线组合，形成一完整的圆形，用来说明至善、至美的哲学思想，或对称工整，或圆顺流畅，透过简单的符号，解释宇宙一切哲理。八卦则以直线解释宇宙间的一切现象。图4-12上所构成的每一个蝙蝠纹样均由不同色彩的线条勾勒出轮廓。在易经的观念里，天地之间所有变化的情况，都能以简单线条、符号予以系统化，它所赋予的纹样也绝不是静止的，而是延续性的动态境界，永无止境，如盘长纹（图4-13）。从中国文字六书的象形中，可以看

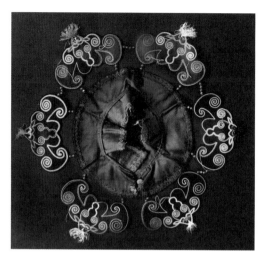

图4-12　蝙蝠云肩所构成的线条美感

（图片来源：江南大学民间服饰传习馆藏）

图4-13　缘边的线条感

（图片来源：《妇女时报》）

出古人在线条的处理上，是在对万物自然的体验下，用抽象手法将具象实物予以转化。这种转化不仅是构图的需要，更是在内含意义上，对思想观念的另一种开创。

江南大学民间服饰传习馆收藏的实物襟边缘饰大部分都有缘边线条作为装饰，无论是花边还是镶绲条，所呈现的都是线性状态。

表4-1是从线的装饰角度进行分类统计。其中整件衣服衣缘只有一根细线条装饰的有66件，所占比例为15.6%；超过2厘米的宽线条装饰有32件，占总件数的7.6%。双线条的运用有44件服饰，三根线条及以上一般是面料与织带结合使用的比较多，有30件服饰，全部以清末服饰为主，所占比例为7%。

表4-1　江南大学民间服饰传习馆藏的实物边缘线条统计表

| 线条类型 | 线条种类 | 件数 | 所占比例（％） |
|---|---|---|---|
| 单根线条 | 细线条 | 66 | 15.6 |
| | 宽线条 | 32 | 7.6 |
| 多根线条 | 双线条 | 44 | 10.4 |
| | 三线及以上 | 30 | 7 |

## （二）衣边装饰线

江南大学民间服饰传习馆收藏的一件婴儿肚兜上面缘边处理是红色的装饰线（图4-14），将两片面料边缘内折后用这种装饰线缝合，起到锁边的效果，同时又是非常好的装饰。而且装饰线缝好后正反面的效果是一样的，格外美观。

图4-14　婴儿肚兜局部装饰线迹
（图片来源：江南大学民间服饰传习馆藏）

装饰线缝制方法。首先从面料正面，将线从正面靠边缘0.3厘米处穿入，如图4-15（a）所示；围绕需要缝合的面料边缘一圈，再从正面穿入点左侧间隔0.2厘米处穿入，连续形成三条间隔一致的竖线，如图4-15（b）所示。

如图4-16（a）所示将针线在从背面圆点位置穿出，与中间一针底部重合穿入。从背面同一圆点位置再次穿出，与左边线迹底部重合穿入，如图4-16（b）所示。

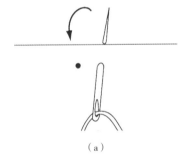

（a）

将线从背面绕过面料边缘如图4-16（c）所示正面圆点位置穿入形成第四条平行的线迹。之后从面料背面将针线从圆点位置穿出与第一条平行线迹重合，如图4-16（d）所示然后从背面相同的位置穿出至左侧与第一条平行线底部重合，一

（b）

图4-15　线迹起针步骤图

个完整的装饰线缝合完成，如图4-16（e）所示。再重复之前步骤即可。图4-17（a）是单个图案完成的样子，图4-17（b）是缝合一领边连续使用的效果。

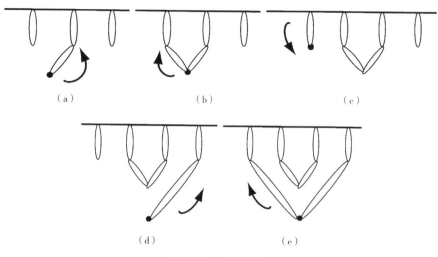

图4-16　针法步骤图

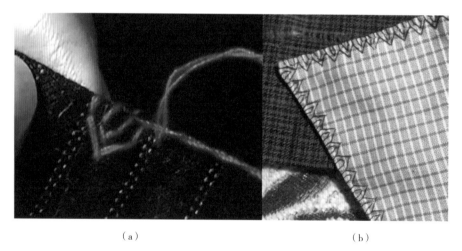

（a）　　　　　　　　　　　　　　　　　（b）

图4-17　针法完成图

### 1. 符号代表性纹样——如意云纹

　　云纹作为一种自然现象的象征符号，它的发展与古人对于自然天象的敬畏是息息相关的，这与中华民族的生存方式密切相关。中华民族是世界上最早从采集转入农耕的民族之一，在长期的采集和耕作实践中，人们认识到云与雨之间的关系，以及这种关系对人类乃至世间万物的生存意义。而作为一种装饰造型，云纹带有文化上的主观象征意识，是先民们对于无法掌握的天气现象在心中予以参照的结果。在历代发展中，云纹作为一种带有灵性的自然象征，逐渐被赋予了一种具有代表性的主观意愿，具有吉利、美好、祥和之意。云纹也有平步青云之意，代表官运通达，因此在官员服饰上也常有应用，用于缘边可以起到平衡衣服整体画面的作用。

## 2. 造型特征及运用

云纹的造型发展，由商朝彩陶旋纹到商周云雷纹，再到楚汉云气纹，都有着旋涡造型。自然界中的云朵，依弧形的线条不断延伸，这种漩涡形状是自然界中常见的物质状态：贝壳、兽角、水涡、蛇、植物卷曲的枝叶等，这种无限延伸又无限拓展的形状是古文明中重要的生命延续象征。原始云纹的涡状线条，能使人体会到云气的流动和阴阳交替的不息变化。商周时期，形态作圆形连续构图的单称其为云纹，这便是云纹形象的母形，其回旋盘曲的S形格式是日后云纹形态演绎的基础。春秋时期，云纹构图清新活泼，线条委婉流畅，色彩绚丽多彩。魏晋时，云头和云尾结为一体。汉代时佛教传入，演变为卷云纹纹饰，反映了汉代社会追求神仙思想与升天观念，亦可视为天人合一思想之精神契合，上自皇族下至社会各阶层皆尊崇佛教。到唐代时，产生了云纹的旋绕盘曲、生动飘逸的形式意味。明代云纹出现由多个云纹联合构成的团云纹。清朝时则有了更多的云纹形式，包括卷云纹、朵云纹、团云纹、如意云纹、灵芝云纹和繁复的迭云纹，并与各种吉祥图案结合。综上所述，"云纹经历了从原始旋纹—云雷纹—卷云纹—云气纹—流云纹—朵云纹—团云纹—叠云纹—如意云纹的转变，基本上各时期都有云纹的代表形式，这是图案定格化、稳定化的集中体现"❶。

如意本是抓痒用的爪仗，其造型日后延伸为象征吉祥的纹饰，由实用的器物成为工艺品，它的图案形状分为心形、灵芝形和云纹形。基本形状是一大一小的两个云头状曲线形，中间用一条有停顿黑白的圆滑波线形联结❷。由于其造型具有涡状动感，又有趋于圆形的圆满性，使得如意的造型具有装饰性。"中华民族远古的生存方式与生产方式—农业生产的方式造就了中华民

---

❶ 赵君. 中国传统云纹装饰与现代设计应用[D]. 杭州：浙江理工大学，2009.

❷ 叶兆信，潘鲁生. 佛教艺术[M]. 北京：中国轻工业出版社，2001.

族选择双眼变化视场的基本视觉习惯……而如意的基本造型正是这一具体视觉特征的理性表述：整个如意无论从哪一个侧面正视，其基本可视范围正是一个与双眼视场相符的区域，而如意的每一个构成部位，正是一个从上至下的变化着的、并停顿在能控制整个视场区域位置上打量的观察结果之示意图形"❶。而如意与云纹的结合使用在服装缘饰方面屡见不鲜，从明代褙子腋下缘边就开始出现如意云纹，这种装饰方法在清中后期女装上随处可见。甚至在男装上也有所出现。如图4-18所示如意云纹出现在领、襟、肩、裙下摆、后背等位置。图4-19为江南大学民间服饰传习馆收藏的几件女装，两侧缘边造

图4-18　如意云纹在不同缘饰部位的运用

（图片来源：《台湾早期民间服饰》，《拉里贝的中国影像记录》，江南大学民间服饰传习馆藏）

---

❶ 陈绶祥. 中国平面设计三题[J]. 装饰，1998（1）：20-22.

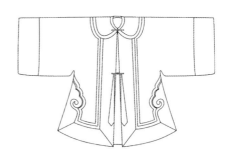

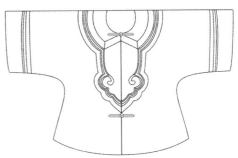

图4-19  馆藏的具有代表性的如意云纹女衫

（图片来源：江南大学民间服饰传习馆藏）

型最具代表性的也是如意云纹，有28件，见表4-2。云纹在缘饰上作为一个装饰元素，出现在所有有缘饰装饰的位置：领、袖、下摆、门襟等。云纹本身在视觉构成方面，经过了历代的发展，成为很成熟的视觉图样。传统纹饰具备了反复、简化、对称、堆砌等形式手法，使其具备相当完整的秩序感与稳定性，这也为使用者提供了相当的安定感。

表4-2　江南大学民间服饰传习馆藏如意云纹服饰

单位：件

| 运用位置 | 门襟 | 领围 | 衣服下摆及开衩处 | 裙摆 |
| --- | --- | --- | --- | --- |
| 如意云纹 | 11 | 3 | 8 | 6 |

### 3. 云纹文化内涵

在古人的观念中，天地万物各种自然现象的存在，根本上都是气的变化所致，自然之气被视作统一宇宙人生天地万物的生命质素和生命本源。而云与气实为一体，如此意义的云凝聚了中华民族对宇宙创造本体的认识。气论哲学视宇宙大道为气化运行、生生不息的文化观念，使自然之云得以升华出人文意义，云纹是生机、灵性、精神及祥瑞的象征。此外，云纹在形态上秉持对流动飘逸曲线和回转交错结构的一贯坚持，体现中华民族审美观念与审美心理的普遍倾向，培养中华民族注重事物动态特征、热衷于流动线形式美的审美概念。

在宗教信仰中，佛教从汉代开始自西域传入中国，佛教中飞天之云上仙居境界，意涵慈悲行善能成佛。另外中国道家思想也鼓励修炼身心能入云上仙界，可见其宗教意义。宇宙价值思想中，仰天望云，云上世界在中华民族的宇宙观念中是天界意境的代表，意涵吉祥祈福丰裕无忧的神界，也使人怀有敬天的思想。在哲学智慧思想中，云无时无刻不随着自然界而变化，其启发人生世间变迁如云之形态变化无穷，似有韵律又难以控制，以先人经验与智慧传承，衍生出观天象测未来的天文智慧，其所蕴藏智慧至今仍影响着人们的生活。

## （三）中国传统服装缘饰色彩

### 1. 中国传统色彩艺术

西方对色彩的认识，是以颜料实验调合而得到的，具有科学性。中国古代的辨色方法是以视觉感官经验为依据的。我们的祖先很早以前就会运用大自然及生活中唾手可得的色彩元素，将穿着的织物进行染色，创造出五彩缤纷的色调，也通过颜色来源的难易程度，规范出社会阶级等级尊卑。"赤""黄""幽""白"这几个表达色彩的词汇最早见于甲骨文当中，这些词语在当时是形容牲畜的毛色，将所出现的色彩词与其具体的事物联结在一起，只是为了强化人们对某种事物的认知，如《说文解字》中出现的部分色彩词中，"黄"为土地的颜色；"红"为赤色的布帛；"碧"为青色的石头，色彩词语所表达的还是具体的事物，慢慢才演化成抽象的色彩词汇。色彩的使用在中国文化中除了装饰的功能之外，更有辨别社会地位、权贵阶级与自然方位的象征意义。承袭这些人文风俗观念，历代以来的文献数据所记载的传统用色规范，多数仍然遵循着周代礼学的色彩限制，这些观念根深蒂固的融合在古代生活中，包含建筑、衣着服饰与车马等。

服色制度在中国先后施行达两千余年，对服装的缘饰和其他的附饰都产生深远影响。早期人类使用色彩，源自对天地崇拜的意识。

### 2. 阴阳五行思想

中国的色彩的意义，最早反映在阴阳思想的太极上，所谓一阴一阳的黑白两个对立的物体。从周朝的文献与文物上可知中国比世界上任何地方更重视心理作用，其中影响中国色彩心理最深远的就是阴阳五行思想，上从朝廷的典章制度，下至民间婚丧喜庆，无不富有特殊意义。衍生于战国末年的阴阳五行学说，施行以"五德相生"的服色制度。五德即金、木、水、土、火，其代表色分别是白、青、黑、黄、赤，历代都依其属德定其服色。就广义而言，一是表征天地之德，以天为玄色，地为黄色。如出自《易经》的"天地玄黄"，古人将对天地的色彩感觉延伸到服色上来，形成当时上半身多穿着黑色，下半身为黄色的服色现象。

《周礼·冬官考工记》对色彩的象征性有很明确的记载："画绘之事，杂五色。东方谓之青，南方谓之赤，西方谓之白，北方谓之黑；天谓之玄，地谓之黄。青与白相次也，赤与黑相次也，玄与黄相次也。青与赤谓之文，赤与白谓之章，白与黑谓之黼，黑与青谓之黻，五彩备谓之绣，凡画绘之事，后事功"❶。春秋战国时期起用色便与社会等级有着密不可分的关系，汉代以

❶ 李淞. 远古至先秦绘画史[M]. 北京：人民美术出版社，2000：204.

来则与阴阳五行相互结合，更有了方位的象征，因此用色观念更为发达，以自然的环境与独有的风水概念来传达心灵层面表达的意义。"五行学说，东方木，色青；南方火，色赤；西方金，色白；北方水，色黑；中央土，色黄"❶，见表4-3。古代祭祀天地四方的礼器组合，"六种形式的玉：璧、琮、圭、璋、琥、璜，配合之以天地四方，成了所谓的'六器'"❷。《周礼·春官大宗伯》记载："以玉作六器，以礼天地四方，以苍璧礼天、以黄琮礼地、以青圭礼东方、以赤璋礼南方、以玄璜礼北方、以白琥礼西方。皆以牲币，各放其器之色"。阴阳五行思想扩增了其影响力，传统的思想观念受到五行的制约，更发展成具有影响性的象征代表。五行中记载事物与色彩间相互的关联性，在古代法令中则是社会地位层级的规范。

表4-3　五色五行对应图

| 颜色 | 方位 | 五行 | 季节 | 象征 | 五音 |
|------|------|------|------|------|------|
| 青 | 东 | 木 | 春 | 青龙 | 角 |
| 赤 | 南 | 火 | 夏 | 朱雀 | 徵 |
| 白 | 西 | 金 | 秋 | 白虎 | 商 |
| 黑 | 北 | 水 | 冬 | 玄武 | 羽 |
| 黄 | 中 | 土 | 四季 | 黄龙 | 宫 |

五色是指青、赤、黄、白、黑等五色，用五色来代表五个方位，虽然是属于道家阴阳五行学说的观念，但和现代色彩学理论中的色彩机能和色彩象征不谋而合，这是中国人在两千多年前的文献中对色彩观念最早的记录之一。从这些记录看来，早就具有天人合一的自然观，其中记载常用的青、赤、白、黑、黄称为五色，相对应于五行，广泛应用于各个方面。

秦汉时期，将阴阳五行思想渗进衣饰思想，秦始皇规定男性衣饰，大礼服是上衣下裳同为黑色祭服。冠服是国家规定的礼服，在秦汉时期它反映了社会的等级关系，人们都能"见其服而知贵贱"。百官依五时❸还会分别着青

❶ 王维堤. 中国服饰文化[M]. 上海：上海古籍出版社，2001：152.
❷ 李霖灿. 中国美术史稿[M]. 昆明：云南人民出版社，2002.
❸ 五时即立春日、立夏日、先立秋十八日、立秋日和立冬日。

色、赤色、黄色、白色和黑色的冠服，以与四时迎气之制相适应。这些正色的使用在古代规范的制定下，以强烈而丰富的色彩作为较高阶层所使用，借此区分与平民之间的差异性。从五行观念中相对应五色是从整体环境及哲学观念来定义色彩，与西方的原色使用物理性研究的来源大不相同。这种根据阴阳五行的用色观念影响了中国文化的制度。

### 3. 正色和间色

古代人们对于色彩没有选择的权利，主要源于颜色是尊卑等级的象征之一。五色服的出现，有了正色与间色（两种正色相混合得到）的区别。以青、赤、黄、白、黑五色而得到正色、间色来分尊卑、方位，正色与间色的关系形成了中国最早的混色概念。正色为尊贵色，只有贵族可以使用，统治阶级利用人们对神灵崇拜、将尊贵的色彩穿于身，表明自己高人一等，而所谓尊贵色的形成往往是源自人类受自然崇拜、各种传统习俗、礼教思维影响而衍生的产物。同时严格限定平民只能穿间色，色彩应用上得以兼下，下则不得僭越，可见地位越高，可选择的色彩种类越多。青、赤、黄、白、黑为正色；两色相合者为间色，正色为贵，间色为卑。又如以紫、绯、绿、青等依序排列，作为文武百官的服色等第；而赤黄为最尊贵，系皇帝专用服色。青、赤、黄、白、黑五色，各有方位、各有定时。其中青色表东方、赤色表南方、黄色表中央、白色表西方、黑色表北方，视为"五色方"。又青色表春、赤色表夏、黄色表前秋、白色为秋、黑色为冬，视为"五时色"。

## （四）历代缘饰色彩艺术

古代服饰色彩是从自然中的染色素材中取得，《仪礼注疏》记载："凡染绛，一入谓之縓，再入谓之赬，三入谓之纁，朱则四入与"[1]。《周礼·钟氏》云："三入为纁，五入为緅，七入为缁"。这些记载了茜草染色的次数不同所呈现的色彩结果，说明了以染色次数来改变色相与色彩本身的明度和彩度。第一次染縓为黄橙色、二次染为浅赤色，开始偏向红色色相，縓与赬都属于高明度、低彩度的色彩呈现，三次染为黄朱之色，色相转变为红色色相，在明度与彩

---

[1] 郑玄，贾公彦. 仪礼注疏[M]. 上海：中华书局，1957.

度上有加深的变化，四次染为纯朱色，彩度达到饱和。到緅、玄时明度接近于带赤色的黑，而缁则成为黑色色相。

古代夏朝尚黑，创造出黑陶时代；而秦代又在服色、旗色上有尚黑的习俗，秦始皇依照春秋战国盛行的阴阳五行说，以金木水火土五种物质涵盖万事万物的本质，对应的方位是西东北南中，相配的颜色为白青黑赤黄，依据五行相生相克的原则，崇尚黑色为主色。黑色与其他色彩具有东方美学的特征。汉朝以后也有用黑色做官服的情况，可以了解中国人对五行学说的信仰；另一方面黑在中国也是丧事丧服的象征，而白衣素食是守制、节欲的礼教象征。唐宋以后文人画里则逐渐因道家思想、禅宗观念而偏重黑，水墨的地位也因此而逐渐高了起来；随着文人画的风行，水墨的地位越来越高，相对的彩色的地位则每况愈下，近千年的中国绘画史，逐渐成为水墨的历史。

就织品的色彩来看，楚地的丝织品大致可分为棕、褐、黄、红、黑等几种基本色调，其中黄色使用的最多，包括黄、深黄、土黄、灰黄、橘黄等，丝绸上不同色彩应用也反映了楚人的生活习惯。楚人偏爱红色，与他们对太阳和火的崇拜有关。颜色在古人心目中有着明确的象征意义，楚族先民视炎帝为祖先，炎帝又称赤帝，与火关系密切，所以楚人对炎帝的崇拜表现在为对火的崇拜上，而黄色、红色与火的颜色相近，可以看出楚人对黄和红的感情❶，如图4-20所示。

《后汉书·舆服志》中，就有"祀宗庙诸祀……皆服袀玄，绛缘领袖为中衣，绛藁�，示其赤心奉神也"的记载，明确指出，宗庙祭祀场合，要穿黑色的衣服，中衣的领缘用绛红色，从而表

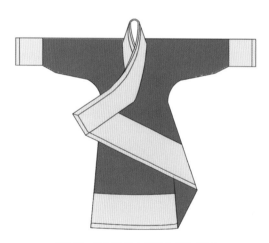

图4-20　马王堆出土服饰色彩复原图

❶ 刘兴林，范金民. 长江丝绸文化[M]. 武汉：湖北教育出版社，2004：69.

示侍奉神灵的赤诚之心❶。再就是刻意选择识别度较高的颜色，通常以暖色系居多，利用视觉心理影响产生色彩的华丽感，此时色彩成为统治者运用的手段，并持续影响着历代服色的演变。马王堆汉墓出土的服饰和丝织品绝大多数是染色的，根据纺织专家分析，从丝织品到刺绣所用的彩丝，一共有三十六种颜色。除常见的朱红、深蓝、深红、浅棕、藏青、黑、朱黄、金黄、浅蓝、深绿外，还有蓝黑浅蓝金棕等❷。汉代用作底布的衣料本身便已色彩繁多，再加上用于纹饰底布的织绣丝线的色彩以及彩绘于底布上的颜料的色彩，三者之间的相加相乘，使得仅在西汉初期，衣着便展现出色彩纷呈的绚丽情况，从马王堆西汉墓出土的众多织锦中，不难一窥汉代衣饰色彩华美的状况。

隋文帝时取黄色为皇家尊崇的色彩。《旧唐书·舆服志》中也记载了颜色的使用规范："武德初，因隋旧制，天子燕服，亦名常服，惟以黄袍及衫，后渐用赤黄，遂禁士庶不得以赤黄为衣服杂饰"❸。《隋史礼仪志》中记载："北周大象二年下诏，天台近侍及宿卫之官司皆'五色衣'，以锦、绮、繢、绣为缘，名曰'品色衣'"❹。《周书·宣帝纪》载："大象二年诏天台（宣帝传位后所居之处）侍卫之官，皆着五色及红紫绿衣，以杂色为缘，名曰品色衣，有大事与公服间服之"。《唐书·车服志》："衮冕，深青衣。大裘冕，黑羔表，纁里，黑领、褾、襈缘，白纱中单"。朱裳、纁裳。黻以缯为之，隋裳色，画龙、火、山三章。北周皇后采五行相生服色，青衣朱缘、朱衣黄缘、黄衣白缘、素衣黑缘、玄衣青缘。

根据吐鲁番出土的唐代丝织物，"其中红色有银红、猩红、绛紫；黄色有鹅黄、菊黄、土黄、茶褐；青、蓝色有靛蓝、天青翠蓝、宝蓝、赤青、藏色；绿色有胡绿、豆绿、叶绿、果绿、墨绿等"❺。唐代丝绸善于运用色彩，动辄就是五色、六色，甚至八色彼此搭配，各个色彩之间十分注意冷暖色调的搭配，"有的还借助于退晕方法形成丰富的色彩效果"❻。像一些用色不多的绫绸，则

❶ 王晖. 试论我国传统服饰缘饰的内涵[J]. 中国纤检, 2007（12）: 60-63.
❷ 侯良. 神奇的马王堆汉墓[M]. 广州: 中山大学出版社, 1990: 50.
❸ 刘昫. 旧唐书[M]. 北京: 中华书局, 1975: 194.
❹ 司马光. 资治通鉴[M]. 北京: 中华书局, 2012: 540.
❺ 王玮. 传统草木染料的五色色素萃取及应用研究[D]. 成都: 西南交通大学, 2006.
❻ 邓咏梅, 吕钊. 唐宋时期丝绸织物中的植物纹样[J]. 四川丝绸, 2004（2）: 50-51.

较多选用明快色彩。黑、白、金、银色也运用得很恰当。由于这些色彩自身的优点，加上与其他色彩的巧妙配置，大大增强了唐代丝绸的色彩表现力。

唐代织品色彩流行变化甚快，色彩的运用十分瑰丽多样，加上唐人具有豪放胆量、发展创造的精神，即造就服装色彩之鲜艳华美。染织技术造成空前的繁荣盛况，也使得原本平淡无味的单纯世界，顿然变得那么多彩多姿，美化了人的视觉。所以，唐朝在这样的背景下，服装色彩绚丽繁复而多彩多姿。不过在唐朝晚期，男女皆喜欢穿黑色、墨绿。

宋朝因为社会经济的局势稳定，将生活的美学态度推至各个层面，虽然服饰大多沿袭唐代而来，但因受到理学影响不过分追求华丽。这样的风气也反映在仪容及装饰上，淡雅优柔的风格给人清新自然的感觉，织品上的纹样也趋向规则与秩序。织锦、刺绣等纹样的配色上，宋代不同于唐代使用强烈的对比色，并通过色彩面积差异及金银黑白灰的间隔求得色彩统一。如表4-4所示，它所用于服装缘边的色彩以灰黄、灰白、灰绿、铁红为主，降低了色彩的饱和度，缘边纹样的图案与底色之间也以调和色为主，色彩柔和，"构成了宋代丝绸纹样或典雅庄重，或恬淡自然的优美意境"❶。

表4-4　福建黄昇墓出土实物缘边色彩统计

| 所用部位 | 颜色 |
| --- | --- |
| 袍对襟部位 | 橘黄色、灰绿、灰蓝 |
| | 橘红、灰白 |
| | 橘红、橘黄、绿色、灰白 |
| | 粉红、灰蓝 |
| 单、夹衣对襟部位 | 灰黄色、灰绿 |
| | 灰绿、灰蓝、褐、橘红 |
| | 粉红、橘黄、灰蓝、灰绿、灰黄 |
| 裙缘部位 | 粉红、褐色、灰绿、灰蓝 |
| | 灰白、粉红、灰蓝、灰绿 |
| | 铁红、灰绿 |
| | 粉红、灰蓝、灰绿、橘黄 |

❶ 孙家骅，詹开逊. 手铲下的文明：江西重大考古发现[M]. 南昌：江西人民出版社，2004：454.

从美学角度而言，宋代的艺术格调是高雅质朴的，其中理学深深地影响着美学思想的发展，体现于审美趣味上，是保守的理性、温润含蓄的风格形式，造就了宋代纹样走向较为平实秀丽的自然形态，同时因人们审美领域逐渐摆脱宗教意义和神化思想的束缚且广布于民间，使纹样被赋予了吉祥意涵。

宋、元、明、清时期都严格限定平民不得穿鲜艳色彩，只能用贵族不常用的朴素色彩。宋元之后对于服装的穿着颜色越来越严格，如《明史·舆服志》中记载：民间"不许用黄"，"文武官员的公服，一品至四品服绯，五品以下服青、绿"。黄色作为皇室专用颜色一直沿用到清代，在民间几乎看不到黄色的运用。明代《大明会典》中记载："凡民间妇人礼服、惟用紫染色絁。不施金绣。凡妇人袍衫、止用紫绿桃红及诸浅淡颜色。不得用大红、鸦青、黄色"。

明代《松江府志》记载了增添新色的情形："初有大红、桃红、出炉银红、藕色红，今为水红、金红、荔枝红、橘皮红、东方色红。初有沉绿、栢绿、油绿，今为水绿、豆绿、兰色绿。初有竹根、青翠蓝，今为天蓝、玉色月色浅蓝。初有丁香茶褐色、酱色，今为墨色、米色、鹰色、沉香色、莲子色。初有缁皂色，今为铁色、玄色。初有姜黄，今为鹅子黄、松花黄。初有大紫，今为葡萄紫"。可看出中国人的生活中，使用色彩的细腻与丰富情形。

清代女性服饰则是鲜艳或醒目的桃红、胭红、浅红、深绿、蓝绿、浅紫、蓝紫、宝蓝、靛蓝、橘色、嫩黄及黑色。桃红、浅紫、宝蓝三色最多见。品月色、品蓝色、藕荷色、雪青色、雪灰色，都是清代晚期才出现的常用色，在面料和色彩的使用搭配上，多与中国建筑与工艺装饰物上的传统配色相似，与大身衣片的面料形成对比或调和，为了凸显材质上的差异，则采用多重镶绲设计，形成丰富多彩的华丽风貌。中国民间女子服饰在色彩的创造方面有着极其丰富的构图，色彩的多样性、地域的鲜明性、金银丝线的运用变化出丰富的效果。

《清稗类钞》一书中有关于马褂色彩的变化："得胜褂……色料初尚天蓝。乾隆中，尚玫瑰紫，末年，福文襄王好著深绛色，人争效之，谓之福色。嘉庆时，尚泥金色，又尚浅灰色。夏日纱服结尚棕色，贵贱皆服之。衬服初尚白色，嘉庆时，尚玉色，又有油绿色，国初皆衣之，殆沿前代绿袍之义。高

第四章 中国传统服装襟边缘饰纹样与色彩

宗恶其黯然近青色，禁之。嘉庆时，优伶皆用青色倭缎、漳绒等缘衣边，以为美饰，如古深衣"❶。近代女装中用色丰富多彩，由一些基本色调衍生出不同彩度与明度的颜色，从而大大丰富了色彩的种类。如鲜红、粉红、紫红、嫩绿、明黄等。还有一些以其他的物体的名称来形容色彩，如米色、象牙色、湖色、豆色等。这些表色方式一直延续到近代。

在江南大学民间服饰传习馆藏的400余件女上装中，见表4-5，其中蓝色系女装148件，黑色系女装80件，红色系女装有64件，紫色系女装39件，褐色系女装35件，绿色系女装31件，灰色系13件，白色系3件，蓝色系女装所占比例最多。而袖、下摆缘边色调则是以黑色所占比例最多，达到179件。作为无彩色，黑色运用在缘边可与任何色彩进行搭配，同时又较为耐脏，使用频率较高。

表4-5　江南大学民间服饰传习馆藏的实物色调统计

单位：件

| 色系 | 主体色调 | 袖、下摆缘边色调 |
|---|---|---|
| 蓝色系 | 148 | 108 |
| 黑色系 | 80 | 179 |
| 红色系 | 64 | 30 |
| 紫色系 | 39 | 42 |
| 褐色系 | 35 | 16 |
| 绿色系 | 31 | 30 |
| 灰色系 | 13 | 6 |
| 白色系 | 3 | 2 |

暖色系中以红色件数最多，红色一直是民间最喜爱的颜色，中国人对红色赋予了吉祥、热情、喜悦、充满喜庆等意义，是无论上层阶级或是平民百姓都可以共同使用的颜色，常被运用于重要庆典、婚礼仪式、生命礼俗当中。

❶ 徐珂. 清稗类钞[M]. 北京：中华书局，1966：6147.

新婚夫妇的服饰均使用红色系列，以表喜庆，具有象征家庭团圆的民族特有的意象思维。中国的宫殿色彩、工艺陶艺色彩、庙宇色彩，无不富有其色彩意识。春节或喜庆节日，挂红布贴红联，红色令人感觉喜气洋洋。

民国时期衣裙互相配色已不流行，受西方服饰影响，以衣裙同色为美，甚至所戴的帽子，所穿的鞋子，都要配合衣色一致。一改之前镶边大红大紫，与衣料形成对比色，具有鲜艳奇丽的视觉效果，民国后趋于平淡，以衣料本色镶边为时尚，取其雅洁。女服改为窄小，更参考西服衣料，改良颜色，"而现在则渐渐变为黑色、灰色（裙必黑色，衣服多带灰色，如桃灰、青灰、水灰、黑灰）。或艳而淡者如粉红、湖色"❶。

从馆藏的实物所服用的时期可以看出，清中期的女装色彩鲜艳，以原色居多，配色繁复，绣花绲边装饰也多，清末女装开始逐渐摆脱奇丽色彩，趋向蓝色、黑色等，因为蓝色与黑色的染料在自然界容易取得，染成的布耐脏、耐穿，不论是历史上或现代接受度均较高，为常见的传统服装布料色彩。民国后则多重复色，"且多鸢紫、灰青等淡色，极雅素之美"❷。

我们亦可透过相关的图案与色彩了解它们的审美情感与审美观念。传统衣缘装饰擅长用颜色来搭配，特别在清代，由于镶绲工艺混合使用，出现的配色也越发复杂考究。襟边上栩栩如生的动、植物等造型，阑干以具有层次的色彩及丰满的刺绣技法所产生的立体图案，显示出妇女服饰表现的空间美感；大襟衫上从前片到后领围弧状阑干设计与衬托在上面线条纤细弯曲的凤凰、牡丹、蝴蝶等纹饰呈现出画面的流动感与阴柔美。

## （五）色彩搭配

在江南大学民间服饰传习馆藏的女上装中，去掉没有明显缘边装饰的25件衣服，有388件是有缘饰装饰的（表4-6），其中缘边装饰为黑色的衣服有98件，占了25%。秉承了黑色为正色的观念，被列在间色里的绿色，往往是绲边中大边的小边，即有许多宽黑边往往再补加极窄的绿色边，而不直接与主体面料接触。"最近为闺人置办一身春装，用茶青色素软缎，配上绿缘白地梅花

---

❶ 顾颉刚. 顾颉刚读书笔记[M]. 台北：联经出版事业公司，1990：230.

❷ 李寓一. 近二十五年来中国南北各大都会之装饰[C]//清末民初中国各大都会男女装饰论集. 香港：中山图书公司，1972.

第四章　中国传统服装襟边缘饰纹样与色彩／217

边。又用深豆沙色素软缎制半臂，用黑缎镶阔边。长裙用玄色软缎制，配以浅紫花瓣和绿叶的大花边。这一身衣裙和半臂串在一起，似乎还不落浓艳的俗套" ❶。

表4-6　江南大学民间服饰传习馆藏的实物色彩搭配统计表

单位：件

| 衣服与衣缘颜色异同 | 色彩搭配形式 | 色系 | 数量 |
|---|---|---|---|
| 衣服与衣缘同色 | 同色搭配（149） | 黑色系 | 40 |
| | | 蓝色系 | 38 |
| | | 紫色系 | 16 |
| | | 其他色系 | 55 |
| 衣服与衣缘异色 | 对比色搭配（164） | 无彩色搭配 | 99 |
| | | 其他色搭配 | 65 |
| | 邻近色搭配（41） | 蓝色系 | 20 |
| | | 其他色系 | 21 |

## 1. 单色搭配

单色搭配是指衣服的装饰用单一的颜色，这些单一颜色的装饰有的是很宽的贴边，有的是好几道镶边，有的是很细的绲边，有的与面料材质相同。单色搭配的服饰有313件，占到总数的61%。

## 2. 对比色搭配

对比色的配置可以让画面产生跳动、愉快的感觉，面积相当的对比色，会产生抗衡、冲突的感觉（图4-21）。在缘边中运用，其面积与服装对比起来一大一小，整体看起来就有画龙点睛的效果。在适当的位置再运用补色，不仅能加强色彩对比，而且能表现出特殊的视觉平衡。

---

❶ 鹃. 女子春装[N]. 申报，1925-4-25.

图4-21　对比色搭配

（图片来源：江南大学民间服饰传习馆藏）

### 3. 互补色搭配

在色彩学上互补色是不适合搭配在一起的，但若面积有大小对比，就是另一种特别的色彩配置。运用面积的大小可做出漂亮的补色搭配，如红与绿的配色。衣服的整体颜色较深，如深蓝、藏青、紫红、褐色搭配的衣缘通常会用较亮或浅色的颜色，反之若衣服采用色彩饱和度较高的颜色，缘边通常会以黑色来搭配。

### 4. 明度对比搭配

把衣物中的颜色抽离，剩下的就是明度关系。明度搭配是色彩搭配中的决定性因素。它带给人的视觉震撼力大于彩度，明度比较亮的颜色与黑色搭配，整件服装看起来就比较醒目。明度搭配分为三种情况：明度差异大、明度差异平均、明度差异较小。

第一种明度差异大的衣服效果，这时颜色的亮暗对比鲜明，会产生清爽、明快的效果。第二种明度差异较为平均，会产生一种柔和的效果。第三种是差异较小的情况，一种表现方式是处在渐变图中间部分的亮度差异较小的灰色对比；另一种是处在较暗部分的亮度差异较小的灰色对比，这两种方式体现出的各个面的分界并不明显，会产生一种神秘感，如图4-22所示。

图4-22　不同明度对比

（图片来源：江南大学民间服饰传习馆藏）

邻近色是色相环中位置相近的颜色。也是在色彩搭配中最容易达到和谐状态的搭配方式。三原色中，红色和黄色都是暖色，只有蓝色是冷色。这种接近天空和海洋的颜色具有明亮和纯净的特质，给人以沉静、清爽的感觉，图4-23中的这条马面裙及缘边的搭配属于邻近色——从绿色一直延伸到紫色的变化。图4-23下方两组图片的搭配方法也是邻近色搭配，整体效果给人一种平和的感觉。

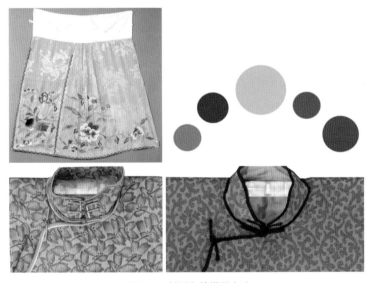

图4-23 邻近色的搭配方法

（图片来源：江南大学民间服饰传习馆藏）

6. 套色搭配

在色彩学上，一个单元中有几种颜色就是几套色。3种或3种以上的颜色出现在一个单元里面就可以算套色搭配。服装缘饰依附于衣服而存在，构成一个整体。"忽略衣料的花纹，把衣料的颜色作为一个混合色，那么当衣服上缘饰颜色的数量在2个或2个以上时，就称缘饰和衣料是套色搭配"❶。根据江南大学民间服饰传习馆的实物统计（表4-7），得出以下数据。

❶ 邹毅. 晚清民初时期中国女装缘饰研究[D]. 上海：东华大学，2004.

表4-7 江南大学民间服饰传习馆藏的实物

单位：件

| 套色搭配 | 清末服饰 | 民国服饰 |
|---|---|---|
| 2~3套色 | 33 | 68 |
| 4~5套色 | 40 | 5 |
| 5套色以上 | 51 | 0 |

　　图4-24是不同的套色搭配的服饰图片。从中可以看出，在套色搭配中，清末的女装多以对比色进行搭配，邻近色搭配相对较少。而民国的服饰正好相反。不同于民初淡雅的风格，清末的女装衣身部分的颜色大多是饱和度较高的色相，而缘边常常会搭配无彩色。无彩色中应用最多的是黑色。而且在黑色的宽缘边上，再进行刺绣、织带装饰是这一时期常用的手法。即使是色相饱和度非常高的色彩，搭配黑色后也会比较调和稳重，而且在黑色缘边与衣身面料之间，搭配与衣身色彩相似色的织带进行协调，同时黑色衣边上也有邻近色系的刺绣进行装饰，使得服饰的配色多而不乱。

（a）2~3套色

（b）4~5套色　　　　　　（c）5套色及以上

图4-24 套色示意图

（图片来源：江南大学民间服饰传习馆藏）

彩袂蹁跹
中国传统服装襟边缘饰

中国传统服装

缘饰
YUAN SHI

造物思想

第五章

# 一、服装缘饰与造物

## （一）服饰与文化

19世纪的英国人类学家泰勒在《原始文化》一书中对文化的阐释为："文化、文明是包括全部的知识、信仰、艺术、道德、法律、风俗及作为社会成员的人所掌握和接受的任何其他的才能和习惯的复合体"。若将文化扩及于整个中华民族来看，其具有五千年的历史。在历史的传承中，表现出明显的历史延续性、文化的包容性及思想的丰富性等特色。

中国服饰中蕴藏的深厚的文化内涵，具有兼容并蓄的特质，散发出文化与时代融合的特色。台湾学者杨裕富于1998年《设计的文化基础》中提出可以从三个层面来理解文化（图5-1），将文化分为三个层次：文化深层结构、文化表层结构、形而下的器物文化。深层结构包含的是一个社会的价值观、思维方式等，文化的表层结构包含了社会的生产方式、习俗、制度等，形而下的器物文化则是人们生产的具体的物，即"器物文化"。人类文明发展的轨迹，是由器物、典章制度及思想三者相互交叉而成，人类因技术进步而生产器物进而建立制度，产生思想。人类创造的一切物质产品都是按一定的价值观去制作使用的，所有的物态产品中都蕴含着文化价值观。传统服饰文化讲求内含、意境、气韵，因而含蓄不外露，表现在款式上，即以服饰尽可能多的遮掩身体，而不像西方以显露人体为美。以表现内在的精神气质为美，并

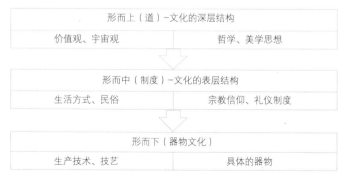

图5-1　文化的层次表现

以服装来显示人的身份与修养，但求文雅、雍容华贵，因而非常重视其质料、纹样与色彩的装饰性和寓意性，其突出了东方人温文儒雅与秀美矜持❶。

### （二）传统服饰与造物

服饰是人类日常生活中不可或缺的需求之一，文化是一种抽象的概念，通过服饰等具体实物才能突显出来，同时也为服装及流行提供一个参考方式。人类文明发展的轨迹，是由器物、典章制度及思想三者相互交替发展而成，人类因技术进步而产生器物，随着器物的发展，人类社会建立了制度，开始有了分工，产生了社会阶级，产生了思想。因此，器物一直被视为文化象征。有人把器物称为文化留在它专属时空中的痕迹，器物也随着社会文化的进步而改变。器物的形式是以能够表达人的内心感受为前提。器物的制作过程就是造物，即"取材于自然，施之以人工而改变其形态与性能的过程。造物一方面关系到人们对自然的取舍，一方面关系到人们对生活的态度"❷。

服饰造物的种类很多，由蚕丝变成面料、由面料制成衣服、衣服上的刺绣装饰、衣边的处理方式都属于造物的范畴。中国历代的文明进程是服饰变迁的动力。它与人们的日常生活、生产的需要相匹配，体现了一个完整的具有造物情感的价值观。和今天的商业模式不同，传统服饰最独特的价值在于考虑到服饰的材质、制作、使用等所有环节，是一种人类创造"物"的创作模式。并思考人与造物之间、器物与社会、人与社会的关系。这值得现代人借鉴，而不是一味迎合人的物质需求、过度生产而产生浪费、损坏自然与社会资源。

# 二、服装缘饰造物与人

自先秦以来，我国造物观念主张以人为本、器物服务于人的观点，重视人与器物之间的关系。器物的产生和人的身体有关，应是身体构造、知觉及调节能力的延伸。

❶ 李泽厚，汝信. 美学百科全书[M]. 北京：社会科学文献出版社，1990：676.
❷ 邵琦，等. 中国古代设计思想史略[M]. 上海：上海书店出版社. 2009：2.

## （一）审曲面势造物思想

中国的文化、艺术本身由思想的发展、生活观念及工艺品价值的变化有所改变，对于设计思潮具有理性及实用的影响，追求道法自然、阴阳调合的境界，就器物的功能上，讲究机能至上的使用合理性。审曲面势是真正意义上的物尽其用，因材施工。尊重自然、顺应自然、合乎自然、遵循自然的规律，强调人工因素的重要性。

审曲面势出自《周礼·冬官考工记序》❶："国有六职，百工与居一焉……审曲面势，以饬五材，以辨民器"。是指工匠做器物，要仔细察看曲直，根据不同情况处理材料。表现出中国人与自然融通的造物观。在造物活动中，首先要选择材料并对其加工处理，要考虑到材料的性质，它决定了所造之物的功能。体现在衣缘方面则表现为对于材料与工艺选择方面的合理性。缘饰材料不能太脆弱，否则不耐磨；不能太硬，妨碍人的活动，由于缘饰是贴合服装轮廓的，除了纵向弯曲外，在横向上需要能够弯曲，可以随前襟、有弧度的下摆衣边弯曲的程度做各种造型。为了使没有弹力的面料贴合于缘边，人们使用45度斜裁的布料进行镶边处理，这种方法直至今天还在服装制作中使用。所以只有适合人们在日常生活中的各种需要，才能够延续下来继续使用，并不断推陈出新。遵照材料的性能状态而加以利用，以最少的人力换取最大的功用，巧法与自然一起相互协调作用，浑然一体，物尽其用。

在服饰方面，表现为重视衣服本身材质与质感，讲求设计的合理性，追求外形的单纯。传统服饰缝制之后线迹极少，如袍的缝合线仅有两条，从袖底经腋窝到身体两侧顺势而下，贯穿相连。当穿着于人体时，缝合的线迹被双臂掩盖，使服装最大限度地保持外形的单纯与合理。体现在服饰缘边中，传统服饰基于完全平面的直线裁剪，又使用飘逸的丝绸类材料，其质地轻薄，将其进行边缘处理不仅可以降低工艺难度，而且可以充分利用边角料，增加衣物的耐磨性、悬垂度，加强衣边牢度，集简单、节省、规范、定性、美观等多种功能于一体，使衣服穿着效果更加服贴合体。"物尽其用"是以人为中

---

❶《考工记》是我国第一部总结性的手工业技术文献，记述了木工、金工、皮革、染色、刮磨、陶瓷六大类30个工种的内容，此外还有数学、地理学、力学、声学、建筑学等多方面的知识和经验总结。该书在中国科技史、工艺美术史和文化史上都占有重要地位。体现出中国人特有的道器观、礼乐观、宇宙观表现出深刻的哲学思想。

心来考虑设计的造物观。通过外观造型、尺寸，尽可能充分地利用原材料的价值，使产品发挥最大效用。同时对缘边的处理上还表现出对耐用性的追求。

## （二）美善相乐与文质彬彬造物思想

儒家思想本是一套哲学信仰系统，是经由道德精神的自觉，合理地沟通人与宇宙间相互和谐的关系。对于艺术表现方面，儒家强调须符合道德教化的要求，包含道德的内容才能引起美感，也就要求在艺术中把美与善结合，进而达到其和谐的统一。"美善相乐"始于荀子的论述，"美"指所造之物的外观符合人的审美需求，"善"是指所造之物设计合理、具备良好的实用功能。"美善相乐"是指所造之物的功能性与审美性能够统一、符合道德要求，倾向于道德审美主义。艺术的"尽善尽美"是与道德净化相联系的，儒家崇天、敬鬼的思想，与民间信仰是同一个源头，是将原始的宗教意识转化为形而上的道德意识。中国传统服饰的整体外形轮廓是直线裁剪、平面构成、没有褶皱的，依靠变化的衣缘、色彩、纹样为主要装饰手段形成服装的不同风格，构成了中国服饰的基本框架。这种传统服饰缝合线较少，在服饰上臂部分由于面料的门幅窄而不得不进行拼接处理，以花边进行装饰掩盖，追求一种完整之美。就像古人常以"天衣无缝"来形容事物的完美，由此可见中国的传统审美观念。

《论语·雍也》记载："质胜问则野，文胜质则史，文质彬彬，然后君子"。其中"文"指装饰，"质"指实用的本质。重"文"轻"质"，会使所造之物华而不实，没有用处，造成资源浪费；重"质"轻"文"，容易使所造之物丑陋，牺牲人的美感需求。好的造物设计应该不偏不倚，强调功能与装饰的结合。如传统服装采用的平面裁剪方式，在大襟处直接开到领口。因此在缝合时就会在大襟处出现大概1厘米的缝份差量。对于这种为整体而牺牲局部的裁剪方式，自清末一直延续到近代。解决办法是在大襟处加边缘装饰。对于无中缝的长袍，由于缺失的1厘米在结构上是不合理的。一方面不可能将前后衣身分裁，而破坏其整体的统一性。另一方面必须将这1厘米的缺量补上，于是大襟上便出现了各种饰边。特别是宽绲边的应用。不仅解决了缺量的问题，又有很好的装饰作用，强调功能和装饰的结合。因此绲边在袍服或是上衣的袄衫里的应用不能简单的归为装饰作用，其更加具有实用功能。传统的中国服装以平面结构加缘饰为主要特征，从缘饰工艺服装的实用角度出发，经过历代的发展，经历了实用功能为主→实用功能兼顾装饰性→装饰性兼顾功能性的过程，当清代审美过于关注装饰性而忽略功能性时，形成繁复的装饰风格，造成矫饰主义的盛行并深入到各个领域。

# 三、服装缘饰体现的人与社会关系

## （一）天人合一思想

在有关天、人关系的哲学思想观念中，中国思想家大都以"天人合一"为思想主轴，并以其作为追求的最高理想境界。中华民族以农立国，人生活在天地之间，必须要顺天守时才能生存。中国传统艺术哲学的文化思维，是建立在天与人同构的关系上，也就是天人合一的思想观念上，是万事万物都处在同一整体的结构关系中，其社会变迁、朝代更替不过是天道循环、五行终始，个人祸福吉凶、生死荣辱是命中注定的。这种天人合一、天人感应、天人相通和观象制物、以象悟道、整合泛灵的观念，是中国传统艺术哲学的文化精神及其思维方式的一个重要表现与特征。即以对宇宙、自然界所领悟的道理，作为指导人文社会的准则，来营造出天与人之间相互关系的"宇宙意识"。这种宇宙意识，一方面应自然时节，具法则意味；另一方又能调理人事，控制心灵。

刘长林在《中国系统思维》一书中指出中国传统文化有三个特征："天人合一"的宇宙整体观；融合的系统思维；以社会和谐为本位的人文主义精神❶。古人认为自己是整个宇宙的一部分，主体与客体、自然与人类具有统一性。《易经》哲学在天人合一的观念下开展，由观天地的宇宙人生探索中启发"象天法地"的智慧与情感。把人和自然界（包括社会）视作为一个有机整体，因而表现为整体系统化的思维模式。阴阳五行、八卦是这一思维模式的构成要素。由阴阳、动静辩证关系中体察与认识天地万物变化之道。由内心直觉的感

---

❶ 刘长林. 中国系统思维[M]. 北京：中国社会科学出版社，1990：1-13.

情与领会中把握天道，在现实自我中实践人道，进而超越自我，达成天人合一境界。"阴阳五行"思想，是把阴阳二者属性与金、木、水、火、土五种元素概念，配合西、东、北、南、中五方位，及白、青、玄、赤、黄五色，揭示了"天之道，有伦、有经、有权"的天道观，人格就在天地四方整意象中，达到一个圆融而和谐的状态"❶。这种观念使服饰，被看作整个大自然的产物。

早期服饰衣缘的材质主要有葛麻和丝绸。都取材于大自然，不仅使用舒适，而且使人类更加亲近自然，拉近了人与自然的关系。并形成了不同质感、不同风格的服饰：华丽与古朴两种类型，分别服务于不同的阶层。客观上稳定了国家秩序、人际关系，为之后森严的服装等级制度打下基础。

中国古代所造的许多器物，是"天人合一"思想的物化载体。当时的工匠在制造器物时，都是尊重材质本身的性能与状态，将自然的物性与人类的智慧、独创性相结合，达到天与人浑然一体的状态。就像传统服饰的宽大的平面造型体现了中国人处理事情的方式：万事万物一以贯之，不做细节分明的裁剪，反而具有更大的包容性。这种包容性使整件服饰浑然一体，表现在无论是人体的静止状态还是活动状态，各部分都能协调一致，保持其稳定性。再加上自然的材质，达到寻求天与人的合一的境界。

## （二）社会角色的体现——阶级性

从原始时代开始，人类就懂得利用各种手段进行装饰以展示个人身份，自有文明开始设计使用的物品，遵循着从只满足生理需求，逐渐走向满足心理层面需求方向发展。这期间某些器物演变至今，除了可能会具有实用或装饰价值外，其符号形式的设计意涵，也就是代表个人身份、地位的设计物，或多或少、直接或间接地影响了人类设计与行为的发展。

两周时期服饰制度的建立，确定了阶级尊卑的衣着，而制作服饰的材料也日渐增多。后来逐渐划分等级：统治阶级利用特权，对高档稀有贵重服饰材料的使用严格限制，贵族衣着华贵的丝帛服饰。在汉代，"丝织品为纺织物的最高贵者，惟富贵之人享用之……"❷。从《周礼》《礼记》和《仪礼》等史

❶ 叶立诚. 服饰美学[M]. 北京：中国纺织出版社，2001：354.
❷ 叶刘天增. 中国纹饰研究[M]. 台北：南天书局有限公司，1997.

书中可以看出，人类的衣着是从无到有，由简入繁，服饰的政治等级往往比实用和审美更受重视。殷商时期在"礼""乐""仪"和服饰等方面尚未强烈地反映出等级之差，在西周时期就比较明显了。服饰的界限越发清晰，品种类别也相应地增加，像宫室中拜天地、敬神时专有礼服，上朝大典时专用朝会服，军事之用专有从戎服，婚嫁之时专用婚礼服，吊丧时又有丧事服等。另外在服色上也开始有了等级差别。

同样，作为服装上必不可少的缘边装饰，也打上了阶级的烙印，不论色彩、纹样、材质均体现着森严的等级制度。《后汉书·舆服志》记载："祀宗庙诸祀……皆服衤句玄，绛缘领袖为中衣，绛绔袜，示其赤心奉神也"❶。指出祭祀等正式场合要穿黑色的礼服，中衣的领、袖缘用绛红色，以表赤诚。

东汉时期，袍成为妇女的正式服装，贵族女子到了婚嫁之时，可以用质料精致、织纹华丽的袍作为礼服，并且在领、袖、下摆可加重缘饰，多次绲边以示华丽。不同身份地位缘饰装饰也不同："公主、贵人、妃以上，嫁娶得服锦绮罗縠缯，采十二色，重缘袍。特进、列侯以上锦缯，采十二色。六百石以上重练，采九色，禁丹紫绀。三百石以上五色采，青绛黄红绿。二百石以上四采，青黄红绿。贾人，缃缥而已。公、列侯以下皆单缘襈，制文绣为祭服，自皇后以下，皆不得服诸古丽圭襂闺缘加上之服"❷。可见服装缘饰具有明确的阶级性，是个人身份、地位的象征。像清代的石青片金缘、海龙缘等高档缘饰材质的使用都有严格限制，即使个人有能力购买，也必须在等级制度中节制嗜欲，不以个人的修容为上，而是以国家所赐的华服为美，这是把礼加诸在个人的审美之上，服饰的装饰作用，被政治所掌控，审美形式象征性地指向一定的政治概念，例如，在祭服领上方心曲领的装饰，其形上圆而下方，象征天圆地方之意。这种高度的形象化符号，和个人追求感性化的符号形成强烈的对比，其结果是把个人天生的审美欲求，转化成一连串攸关国家兴亡的符号装饰，形成繁复的穿着搭配。

自古以来图案就可以直接反映社会趋势，商周时期鬼神思想盛行，若要与神沟通，就要借助各种神灵动物意象一也就是被神化的图纹，如龙、凤、

---

❶ 范晔. 后汉书[M]. 北京：中华书局，2007：8.
❷ 同❶：3677.

虎等。龙是虚拟中的动物，龙纹图案成为后来历代皇帝服装中的纹样，代表了至高无上的权力，在平民眼中则是天上尊贵的神的化身。装饰纹样中也常常运用凤纹，"凤是人们将孔雀、锦鸡、仙鹤等禽类综合为一体的神化形象，高冠与长尾具有尊贵的象征……还代表着帝王和王后的尊贵身份"❶。这些图纹成为统治阶级的识别标志，成为古人刻意制造阶级层次区分尊卑的方式，大部分手法是将图纹广泛应用于器物之中，或将图纹与自身图像相结合——即穿在身上成为服饰，刻意神化以巩固统治地位。在过去封建制度下，服饰着装是个人身份地位的象征，范伯伦在《有闲阶级论》一书中便明确指出服饰的功能："所有阶级花在装饰服装上很大一部分是为了光鲜的体面，而不单只是为了御寒保暖"。显示出阶级意识的功能性。服装装饰的出现起源于图腾崇拜，早期是纹身，后来将图案转至服饰，融入民族审美心理，也成为区别贵贱等级的阶级产物。另外官服补子的图案设计更是有明显的阶级之分，这些补子图案的产生是由人们印象中禽类高贵程度或兽类勇猛程度来排名的，文官一品的仙鹤与九品鹌鹑，武官一品的麒麟和九品的海马具有明显的落差。这些图纹成为统治阶级的识别标志，无形之中提高了纹饰的价值，形成一种价值观复制的传承链。不同的经济阶层必然影响服饰的外观，这个时候的服饰成为一种辨别群属的标志。服饰装扮反映了不同的社会阶级与社会角色，对社会角色起到标志、确认、强化及隐蔽的作用。

## （三）"合礼"的体现

服饰通常有三个主要目的：装饰、遮羞和保护，就衣服的字义上来看，《释名·释衣服》："上曰衣，衣，依也，人所以依以庇寒暑也；下曰裳，裳，障也，所以自障蔽也"。前者强调衣服的保护作用，后者则说出衣服遮羞的功能。西汉时期韩婴"衣服容貌者，所以悦目也"的看法，也说明衣服有审美装饰的作用。然而如果将服饰置于传统政治范畴来检视，那么这三种功能都将被规范与等级所凌驾，那就是东方独特的服饰的第四个目的"合礼"，"中国有礼仪之大故称夏；有服章之美谓之华"❷，礼与服饰是两个区别正统与蛮

❶ 华梅，要彬. 中国工艺美术史[M]. 天津：天津人民出版社，2005：27.
❷ 孔颖达. 春秋左传注疏. [M]. 台北：艺文印书馆，2003：976.

夷的因素。服饰成为一种政治的安排，在礼与法的规范中，成为等级的形式，所谓"贵贱有级，服位有等，见其服而知贵贱，望其章而知其势"❶，服饰所透露的讯息攸关国家的治乱兴衰，成为历代统治者关注的重心。"礼"是封建政治、法律思想、道德的总规范，又是天的意志的具体体现。制作精良的中国传统服装的缘边处处呈规矩，直则笔直挺阔，曲则波形自然，拐角或方方正正，或圆圆顺顺。服装襟边缘饰的不同显示身份地位、显示尊卑关系、表达虔诚和敬畏等作用，是"礼"的具体体现。

孔子的艺术哲学思想也以仁学作为基础，强调唯有遵循仁义之道，才能在个人与社会的和谐统一中，进入美的境界。所以肯定审美和艺术具有调节个人与社会关系的价值，具有陶冶人心的情操及稳定宗法礼制的社会秩序作用。反映了儒家重视艺术移风易俗的政教功能，并强调其治国安邦的社会作用。而孔子也把礼纳入仁的内容，强调其孝悌的精神，使之符合"君君、臣臣、父父、子子"伦理政教规范。封建制度下阶层关系在君臣、长幼、男女、上下等都各司其位，生活中的各项举止言行都要符合规范，以服饰为例，同样隐含着礼仪之道。

儒家传统有一套对士人理想外观的看法，那就是孔子所说的"正衣冠，尊瞻视"以达到"俨然人望而畏之"的效果。首先，如何穿着才会合于规矩，合于礼？以《论语》中所载孔子的穿着为例："君子不以绀緅饰，红紫不以为亵服，当暑袗絺绤，必表而出之……齐必有明衣布"❷。在颜色上，领缘不能用绀緅二色装饰，绀为深青透红的颜色，緅为近黑的红色，在当时是接近丧服的装饰，不吉。其次，衣服颜色不用当时不正、不尊贵的红紫二色，即使在家穿着的便服也不例外。《礼记·深衣》篇记载："具父母、大（祖）父母衣纯以绩（采色）。具父母，衣纯以青。如孤子，衣纯以素"。以男性的年龄为准，在二十九岁以下，父已亡，谓之孤子。即在此年龄，祖父母、父母皆全的，衣纯的用色，可杂以彩色。祖父母虽已不全而父母双全的，衣纯以青色。否则用同于衣色的白色。儒家的服饰理念：服饰，不单为人的生理需求而存在，而有其更深一层的符号意义。符号的功能在于分别名分以维系纪纲与人

❶ 贾谊. 新书[M]. 北京：中华书局，2012：15.
❷ 孔丘. 论语[M]. 南昌：江西人民出版社，2016.

际关系，以促进社会生活的安和乐利。《论语》所说的"道之以德，齐之以礼"。建立社会秩序，使得人人循礼守分，最重要的方式在于订立服饰制度，建立社会生活规范的基础，以通过服饰的质地、造型、颜色、纹饰、带佩等规制，规范社会阶层的生活秩序。

中国传统服饰是以"礼"作为服饰制度的思想根源，在这样的基础上，达至天人合一为理想人格境界。透过以礼为中心思想的人性观所形成的本体论，使得宇宙万物归顺于一定的序位，完成天、地、人三者合一。

如同《荀子·富国》篇："天子株卷衣冕，诸侯玄卷衣冕，大夫裨冕，士皮弁服"。唯有透过人民全体认同的服装制度，来作为共治的法度，既能维持上下的秩序，更可勉人晋德立功以获得衣冠定制的尊荣，进而达到垂衣裳而天下治的最高境界。《尚书·舜典》记载："（天子）五载一巡狩，群后四朝，敷奏以言，明试以功，车服以庸"。同时，服饰制度也是执政者酬庸部属的方式，借以表彰、奖励任事者的功绩。古代中国传统服饰制度，是社会秩序安定的规范，是圣贤礼治文化的表征。

"青丝履，偏诸缘"。礼仪制度中，即使鞋子的缘饰也有规定。商周时期，丝织技术虽然已经为人们所掌握，但生产力还比较低下，丝织品仍然属于昂贵面料，用轻薄的丝织品制作鞋子既不实际也不实用。为了区别葛麻质地的一般鞋子，礼鞋用丝织品来装饰，称为丝履（舄）❶。《仪礼·士冠礼》记载："屦，夏用葛。玄端黑屦，青绚、繶、纯，纯博寸。素积白屦，以魁柎之，缁绚、繶、纯，纯博寸。爵弁纁屦，黑绚、繶、纯，纯博寸。冬皮屦可也"。屦为单底，舄为复底，屦有句，句为装饰于鞋头翘起的部分。舄是王室、贵族男女祭祀、朝会所穿的礼鞋。"绚"以缀一同色丝绦制成鼻状，置于舄头之背面，谓之"绚"，各留一小孔，用以贯穿绳系，收束于足。其意义乃告诫着舄者应当行为谨慎。郑注《周礼》："绚谓之拘，着舄屦之头，以为行戒"。《礼记·玉藻》云："童子不绚，未能戒"。"繶"是环绕舄底部与舄底间衔接处的线状饰物，即鞋帮与鞋底之间的一道细绳条。即鞋面帮与鞋底的连接之处以丝带制成"繶"，是细圆形绳，如图5-2所示。《周礼·天官》中有赤繶、黄繶等名称。就是以红、黄色的丝绦镶绲于相接的缝中。繶虽面积小，但仍受礼

---

❶ 李霖灿. 中国美术史稿[M]. 昆明：云南人民出版社，2002.

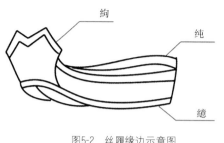

絇

纯

繶

图5-2　丝履缘边示意图

制约束，下裳服色一致，否则失礼。也是传统冠服制度的组成部分。"纯"是舄口、屦口周缘的绲边，阔度"博寸"。具有一定的固定作用。这些都是"合礼"的体现。

## （四）模件化思维

纵观中国历代所设计的东西，无论是服装或者建筑，都是服务于人的、活在当下的。像建筑所用的木质材料，与人的寿命相符，建筑与服饰一样，致力于在平面上的延展，让人能近距离的接触，更重视个人的内心感受。服饰也始终在平面上进行装饰，将一切美好诉求绣于服饰之上。而西方的设计是服务于神灵的、强调永恒的。他们采用砖石、拱形结构，建造形体高大的教堂，更注重永恒的存在，是献给神灵的礼物。他们的服饰系统也在发展到一定阶段，追求立体、三维的效果。两种文化导致所呈现的内容迥异。

德国汉学家雷德侯认为中国古代艺术在生产环节中的运作，很多采用的都是模块化的系统。他认为中国大部分的艺术品在生产时，产量如此之高，物品质量之好，都不可能是一个工匠独立完成一件物品，而是一个工匠只完成生产过程中的一步，劳动的分工使其效率大增。而"模块化"这个词，是说国人在创作艺术品的时候，会先制造出一些基本的部件，然后再像玩乐高玩具那样，通过不同的创意，组合这些部件，完成各种艺术品的批量化生产。好多环节是手工进行的，在保证质量的同时也使每一件产品具有独特性。

作者从中国古代的青铜器、兵马俑和木构建筑三种艺术形式来观察。随着商周礼制的完善，青铜器慢慢从盛装食物的器皿变成了一种礼器。贵族集团逐渐发展壮大后，他们对青铜器的需求也越来越大。这一点不仅体现在对数量的要求上，他们还需要用青铜器的不同大小、花纹和各种组合形式，来体现贵族之间的等级差别。面对王室贵族们苛刻的要求，工匠们选择了利用模件化体系这个办法。只要根据需要将各种素材进行不同的排列组合，就能创造出很多的纹饰变化。另外，器物组合也是区分贵族等级地位的重要依据，不同的组合代表了拥有这些青铜器的贵族的不同地位。这些器物的组合形式，实际上就是把单个的青铜器当作固定的模块，通过不同的组合来体现差异和变化，这种方式无疑就是模件化思维的体现。艺术品生产过程中的模件化系统除了这些艺术形式以外，还有很多中国古代艺术品的制造过程也都依靠模件化系统的支配。在一些高品质漆器上，还会像今天的商品生产说明一样，记录下漆器的生产过程。从这些记录文字的内容来看，当时的漆器都是在官方经营的作坊生产，每一批漆器的制造过程中的每一个步骤都有明确的分工，整个生产流程和今天的工厂流水线并没有什么本质上的区别。

服装缘饰，也能看出是模件化系统的产物。如图5-3所示清末时期的缂丝龙纹衣领及前襟处的缘饰装饰，都是独立于服饰，作为一个小模件，单独手工缝制的。选好衣身材料，裁制完成，最后将领、缘部分拼合即可。也减少了整件服饰的制作时间，提高了劳动效率。

图5-4是民国期间女性服饰的刺绣衣边装饰及领围的部分模件，图中纹饰以盘金绣的凤凰纹为主，搭配一些花边及云纹装饰。用在服饰上的效果如图5-5所示，是在原面料对应位置缝合缘边，甚至从图中可以看到二次固定的线迹，同时也增加了服饰的厚实感。除了这种边缘在整体面料上刺绣的组合，各种织带、刺绣花边、组带也是模件化思维的一种体现。图5-6、图5-7均为女装下摆部位的装饰，且都有挖云装饰，一个以刺绣为主，有各种禽鸟、蝴蝶、花卉图案，通长搭配的面料以单色丝绸为主；一个黑色为底，上有挖云装饰和组带制成的盘长纹，适用于各种服饰。

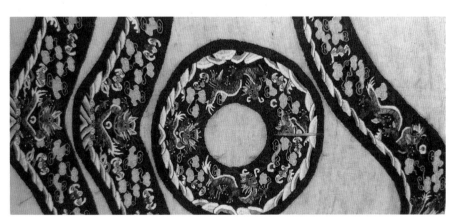

图5-3　清末缂丝龙纹衣领

（图片来源：《台湾早期民间服饰》）

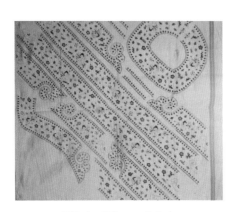

图5-4　民初凤凰纹衣边

（图片来源：《台湾早期民间服饰》）

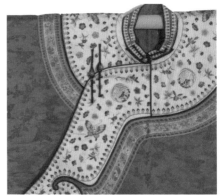

图5-5　缘边模块在服饰上的组合运用

（图片来源：《台湾早期民间服饰》）

图5-6　刺绣蝴蝶挖云缘边下摆部件

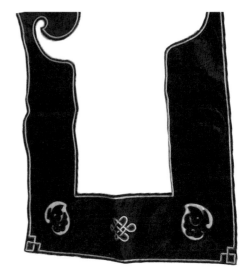

图5-7　黑色挖云下摆部件

　　模件化在中国古代其实不仅仅体现在艺术品本身上，作为一种思维模式，它已经渗透到了艺术品的生产流程、工匠的管理体制、甚至是中国古代的社会结构、政治和文化等方方面面。中国人通过组合优先设定各种各样的部件，创造出来高品质的艺术品。

　　中国古代瓷器制作过程也同样遵循着模件化的生产方式，而且这种生产模式直到今天还仍然保留着。比如在需要制作一大批蟋蟀图案的茶杯时，工匠们先烧制出成型的杯子，再用事先刻制好的一种像印章一样的小模子，在所有的茶杯上都印出蟋蟀的轮廓线，画工们只需要在轮廓线的基础上再细致地画出蟋蟀就可以了。这种方式为画工们节约了大量的时间，同时保证了茶杯的生产速度。

　　模件化这一伟大的体系也并不是中国人在冥思苦想之后创造出来的理论，而是如同他们对艺术品的最高评价一样，属于"浑然天成"。中国人通过自然界不断的组合塑造出万物的模式中领悟到了模件化的思维，即所谓"一生二、二生三、三生万物"。

结语

JIE YU

彩袂蹁跹
中国传统服装襟边缘饰

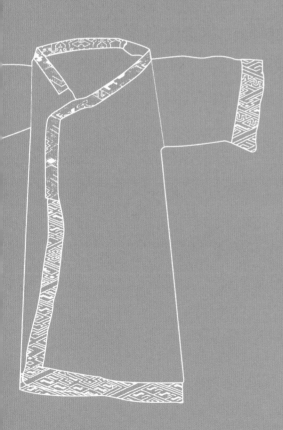

第六章

传统服装的襟边缘饰为中国服饰所特有的装饰手法，具有保护身体、装饰审美和社会表意的功能。汉民族的民族属性决定了历代服饰缘边的相似性，社会的变迁，服饰的变革、织造水平的进步，审美的观念的变化又体现出差异性。不同历史时期的缘饰各有其特色，其使用材料、花纹图案、装饰位置和装饰特点等都有所不同。体现了社会的工艺技术水平。

（1）从历代缘边的演变历史中发现服装襟边缘饰是古代服饰重要的组成形式之一，且兼顾实用与装饰作用。

中国传统服装的缘边装饰演变总体上呈现出"实用功能性为主→实用功能兼顾装饰性→装饰性兼顾功能性"的发展趋势，而其装饰效果呈现出"简单→较为复杂→复杂→简单"直至消失的过程。历代服装缘边发展中，由早期保证服装边缘牢固等实用功能逐渐成为审美装饰的工艺形式。明清之后服装缘边装饰明显增多。在晚清装饰达到了无以复加的复杂程度，且改变了服装的款式。使缘边的装饰风格从自然、灵动、飘逸，转向了平板、华丽、匠气。

（2）基于江南大学民间服饰传习馆收藏的实物考证发现传统服装的襟边缘饰运用的装饰手法是中国传统服装的主要装饰形式之一，并形成程式化装饰效果。

随着社会的发展及物质的丰富，在服装诞生以前人们对人体附加装饰物的审美情趣，逐渐转移到服装上，装饰的部位主要集中于服装边缘线上，利用各类材质、线条、起到强化服装轮廓线的视觉效果。装饰内容、形式丰富多样，纹样题材也涉及广泛，以二方连续排列为主。民国阶段是缘边装饰由复杂变为简单的过程，"去装饰"是这个时期的主要特点。民国时期之后缘饰装饰由于工业时代的到来而走向没落，装饰形式趋于简洁单一。

（3）基于田野考察记录过程中发现服装襟边缘饰的工艺手法丰富且具有多样性。

在服装的制作工艺方面，历代汉族传统服装都保持着平面造型，通过服装的色彩、材质、缘边装饰手法不同来体现其差异性，这在一定程度上促进了工艺手法的多样性，仅仅服装的缘边就有6种不同处理方式，还不包含其延伸及组合后的使用手法。上层阶级的服装缘边工艺手法以繁复著称，如多层的镶绲、挖云综合使用，各类精美的盘扣点缀其中。而民间服装更注重工艺手法的实用性，如单层的镶边、绲边的使用，具有实际的保护功能，能够加强衣边的牢度、防护伤害、便于活动等实际功能。民国后合体的衣身结构使服装缘饰不再有合适的位置出现，然而传统的边缘的部分装饰工艺仍然在现代延续了下来，在手工制作的旗袍中运用较多。

（4）从文化的角度来看服装襟边缘饰具有深刻丰富的社会文化内含。

综观历代服饰的衣缘部分处理，尽管款式不同，缘饰使用的部位与样式不一，但具有一些共性的特征。缘饰的制作工艺、款式、材质、色彩、纹饰无一不表现出天人合一的思想，并受到礼的制约，同时也是礼教仪节与社会秩序在现实生活的具体展现。缘边的平衡、完整与中国追求圆满和谐状态的哲学观念是一致的。而民间服装缘饰的制作处处体现着传统的造物观念。以最少的人力，换取最大的功用。追求实用、适用、美用一体的效果，具有朴素的造物情感。服装缘饰的运用还体现出阶级性，上层阶级使用丝绸、裘皮、贵重金属、玉器、珠宝来装饰服装，而劳动阶层则使用葛麻、普通材质来装饰，维持了井然有序的服饰制度。直到近代，原先的服饰制度被打乱，在无法用服饰顶戴判断个人身份的社会里，人们只能追求体面的着装，以衣取人的观念形成，形成重衣不重人的风气。

# 参考文献

## 图书

[1] 王聘珍.大戴礼记解诂[M].王文锦，校．北京:中华书局,1983.

[2] 中国社会科学院考古研究所.殷墟妇好墓[M].北京:文物出版社,1980.

[3] 屈万里.诗经诠释[M].台北:联经出版事业公司,1983.

[4] 湖北省荆州地区博物馆.江陵马山一号楚墓[M].北京:文物出版社,1985.

[5] 王先谦.释名疏证补[M].上海:上海古籍出版社,1984.

[6] 沈从文.沈从文全集[M].太原:北岳文艺出版社,2009.

[7] 湖南省博物馆.中国科学院考古研究所.长沙马王堆一号汉墓[M].北京:文物出版社,1973.

[8] 贾谊.新书[M].北京:中华书局,2012.

[9] 周汛,高春明.中国古代服饰大观[M].重庆:重庆出版社,1994.

[10] 房玄龄.晋书[M].北京:中华书局,1974.

[11] 苏绍兴.两晋南朝的士族[M].台北:联经出版事业公司,1987.

[12] 李斌城.唐代文化[M].北京:中国社会科学出版社,2002.

[13] 郑显文.唐代律令制研究[M].北京:北京大学出版社,2004.

[14] 司马光.资治通鉴[M].北京:中华书局,2012.

[15] 董诰,等.全唐文[M].上海:上海古籍出版社,1990.

[16] 欧阳修,宋祁.新唐书[M].北京:中华书局,1975.

[17] 刘昫.旧唐书[M].北京:中华书局,1975.

[18] 马大勇.霞衣蝉带:中国女子的古典衣裙[M].重庆:重庆大学出版社,2011.

[19] 张湘雯.中华五千年文物集刊·织绣篇[M].台北:出版社不详,1992.

[20] 吴淑生,田自秉.中国染织史[M].上海:上海人民出版社,1986.

[21] 陈寅恪,陈美延.金明馆丛稿二编[M].北京:生活·读书·新知三联书店,2001.

[22] 脱脱.宋史[M].北京:中华书局,1985.

[23] 福建省博物馆.福州南宋黄昇墓[M].北京:文物出版社,1982.

[24] 胡小鹏.中国手工业经济通史·宋元卷[M].福州:福建人民出版社,2004.

[25] 赵连赏.服饰史话[M].北京:中国大百科全书出版社,2000.

[26] 孟元老.东京梦华录笺注[M].尹永文,笺注.北京:中华书局,2006.

[27] 夏原吉,等.明太祖实录[M].台北:台北研究院历史语言研究所,1962.

[28] 黄一正.事物绀珠[M].济南:齐鲁书社,1995.

[29] 张廷玉.明史[M].长春:吉林人民出版社,1995.

[30] 王世贞.觚不觚录[M].上海:商务印书馆,1937.

[31] 徐一夔.明集礼[M].台北:商务印书馆,1986.

[32] 叶梦珠.阅世编[M].北京:中华书局,2007.

[33] 高濂.雅尚斋遵生八笺[M].北京:书目文献出版社,1988.

[34] 顾起元.客座赘语[M].北京:中华书局,1987.

[35] 袁杰英.中国历代服饰史[M].北京:高等教育出版社,1994.

[36] 刘家驹.清史拼图[M].台北:远流出版社,2003.

[37] 巫仁恕.奢侈的女人:明清时期江南妇女的消费文化[M].台北:三民书局,2005.

[38] 钱泳.履园丛话[M].北京:中华书局,1979.

[39] 徐珂.清稗类钞[M].北京:商务印书馆,1966.

[40] 严勇,房宏俊,殷安妮.清宫服饰图典[M].北京:紫禁城出版社,2010.

[41] 费尔南·布罗代尔.十五至十八世纪的物质文明、经济和资本主义[M].施康强,顾良,
     译.北京:生活·读书·新知三联书店,1992.

[42] 陈无我.老上海三十年见闻录[M].上海:大东书局,1928.

[43] 胡祥翰,等.上海滩与上海人[M].上海:上海古籍出版社,1989.

[44] 陈祖范.召文县志未刻诸序·风俗[M].清乾隆29年刊本.

[45] 申忠一.建州纪程图录[M].台北:台联国风出版社,1970.

[46] 赵尔巽,等.清史稿[M].北京:中华书局,1976.

[47] 允禄,等.皇朝礼器图式[M].扬州:广陵书社,2004.

[48] 周汛,高春明.中国衣冠服饰大辞典[M].上海:上海辞书出版社,1996.

[49] 张汉杰,冯秋雁.盛京皇宫杂录[M].沈阳:辽宁民族出版社,2007.

[50] 李斗.扬州画舫录插图本[M].北京:中华书局,2007.

[51] 王锡祺.小方壶斋舆地丛钞[M].杭州:杭州古籍书店,1985.

[52] 姜水居士.海上风俗大观[M].上海:上海档案馆,1920.

[53] 上海丝绸志编纂委员会.上海丝绸志[M].上海:上海社会科学院出版社,1998.

[54] 中国社会科学院考古研究所.殷墟发掘报告[M].北京:文物出版社,1987.

[55] 班固.汉书[M].长春:吉林出版集团,2010.

[56] 胡维草.中国传统文化荟要[M].长春:吉林人民出版社,1997.

[57] 陈寿.三国志[M].北京:中华书局,2010.

[58] 翁广平.吾妻镜补[M].北京:全国图书馆文献缩微复制中心,2005.

[59] 王凤阳.古辞辨[M].长春:吉林文史出版社,1993.

[60] 张爱玲.流言[M].北京:十月文艺出版社,2012.

[61] 周锡保.中国古代服饰史[M].北京:中国戏剧出版社,1984.

[62] 韩滨颖.现代时装缝制新工艺大全[M].北京:中国轻工业出版社,1997.

[63] 廖军,许星.中国服饰百年[M].上海:上海文化出版社,2009.

[64] 《上海服饰》编辑部.时装集锦[M].上海:上海科学技术出版社,1992.

[65] 包昌法.服装裁缝工艺集锦[M].杭州:浙江人民出版社,1982.

[66] 吴山.中国工艺美术大辞典[M].南京:江苏美术出版社,1999.

[67] 周志骅.中国重要商品[M].上海:华通书局,1931.

[68] 湖南省博物馆,等.长沙楚墓[M].北京:文物出版社,2000.

[69] 上海市纺织科学研究院,上海市丝绸工业公司.长沙马王堆一号汉墓出土纺织品的
     研究[M].北京:文物出版社,1980.

[70] 邓云乡.红楼风俗谭[M].石家庄:河北教育出版社,2004.

[71] 故宫博物院.清代宫廷包装艺术[M].北京:紫禁城出版社,2000.

[72] 湖北省文物考古研究所.江陵九店东周墓[M].北京:科学出版社,1995.

[73] 赵匡华.中国古代化学[M].北京:商务印书馆,1996.

[74] 刘兴林.考古学视野下的江南纺织史研究[M].厦门:厦门大学出版社,2013.

[75] 孙家骅,詹开逊.手铲下的文明:江西重大考古发现[M].南昌:江西人民出版社,2004.

[76] 顾清,等.松江府志[M].台北:成文出版社有限公司,1983.

[77] 龚炜.巢林笔谈[M].北京:中华书局,1981.

[78] 石泉.楚国历史文化辞典[M].武汉:武汉大学出版社,1996.

[79] 张立胜.物华天宝[M].兰州:敦煌文艺出版社,2010.

[80] 车吉心,梁自絜,任孚先.齐鲁文化大辞典[M].济南:山东教育出版社,1989.

[81] 周定一.红楼梦语言词典[M].北京:商务印书馆,1995.

[82] 赵丰.纺织品考古新发现[M].北京:中国丝绸博物馆,2002.

[83] 陈国钧.文化人类学[M].台北:三民书局股份有限公司,1977.

[84] 田自秉,吴淑生,田青,等.中国纹样史[M].北京:高等教育出版社,2003.

[85] 回顾.丝绸纹样史[M].哈尔滨:黑龙江美术出版社,1990.

[86] 叶刘天增.中国纹饰研究[M].台北:南天书局有限公司,1997.

[87] 夏燕靖.中国艺术设计史[M].沈阳:辽宁美术出版社,2001.

[88] 陆游.老学庵笔记[M].北京:中华书局,1979.

[89] 葛洪.抱朴子内篇[M].北京:中华书局,2011.

[90] 许慎,徐铉.说文解字[M].北京:中华书局,1963.

[91] 苟志效,陈创生.从符号的观点看[M].广州:广东人民出版社,2003.

[92] 秦孝仪.中华五千年文物集刊·服饰篇[M].台北:出版社不详,1986.

[93] E.H·贡布里希.秩序感:装饰艺术的心理学研究[M].长沙:湖南科学技术出版社,1999.

[94] 吴孟复,郭因.中国画论[M].合肥:安徽美术出版社,1995.

[95] 叶兆信,潘鲁生.佛教艺术[M].北京:中国轻工业出版社,2001.

[96] 李淞.远古至先秦绘画史[M].北京:人民美术出版社,2000.

[97] 王维堤.中国服饰文化[M].上海:上海古籍出版社,2001.

[98] 李霖灿.中国美术史稿[M].昆明:云南人民出版社,2002.

[99] 郑玄,贾公彦.仪礼注疏[M].上海:中华书局,1957.

[100] 刘兴林,范金民.长江丝绸文化[M].武汉:湖北教育出版社,2004.

[101] 侯良.神奇的马王堆汉墓[M].广州:中山大学出版社,1990.

[102] 顾颉刚.顾颉刚读书笔记[M].台北:联经出版事业公司,1990.

[103] 李泽厚,汝信.美学百科全书[M].北京:社会科学文献出版社,1990.

[104] 邵琦,等.中国古代设计思想史略[M].上海:上海书店出版社,2009.

[105] 刘长林.中国系统思维[M].北京:中国社会科学出版社,1990.

[106] 叶立诚.服饰美学[M].北京:中国纺织出版社,2001.

[107] 中共中央马克思、恩格斯、列宁、斯大林著作编译局.马克思恩格斯选集第一卷[M].北京:人民出版社,1995.

[108] 范晔.后汉书[M].北京:中华书局,2007.

[109] 张末元.汉代服饰参考资料[M].北京:人民美术出版社,1960.

[110] 华梅,要彬.中国工艺美术史[M].天津:天津人民出版社,2005.

[111] 杨先艺.中外艺术设计探源[M].武汉:崇文书局,2002.

[112] 孔颖达.春秋左传注疏[M].台北:艺文印书馆,2003.

[113] 孔丘.论语[M].南昌:江西人民出版社,2016.

## 期刊论文(集)

[1] 贾玺增,李当岐.江陵马山一号楚墓出土上下连属式袍服研究[J].装饰,2011(3):77-81.

[2] 耿建军,孟强,梁勇.徐州韩山西汉墓[J].文物,1997(2):28-45.

[3] 蔡学海.魏晋南北朝的分裂与整合[J].历史月刊,1989.

[4] 包天笑.六十年来妆服志[J].杂志,1945(3).

[5] 汪芳.衣袖之魅—中国清代挽袖艺术[J].美术观察,2012(11).

[6] 陈荣富,陈蔚如.旗袍的造型演变与结构化研究[J].浙江理工大学学报(自然科学版),2007(2):42-46.

[7] 屈半农.近数十年来中国各大都会男女装饰之异同[C]//清末民国初中国各大都会男女装饰论集.台北:台湾政经研究所,1972.

[8] 王云英.从努尔哈赤在老城的穿戴谈起[J].满族研究,1997(4):63-65.

[9] 赖惠敏.乾隆朝内务府的皮货买卖或京城时尚[J].故宫学术季刊,2003,21(1):116.

[10] 冯秋雁.清代宫廷衣饰皮毛习俗和发展[J].满族研究,2003(3)79-85.

[11] 金梁.汉译满洲老档拾零[J].故宫周刊,1932(316).

[12] 郑扬馨.晚明苏州服俗变迁与经济发展的关系[J].政大史粹,2006(11):55-86.

[13] 庄开伯.女子服装的改良[J].妇女杂志,1921(9).

[14] 上海时装研究社.初秋新装[J].玲珑,1931.

[15] 作者不详.时装的来历[J].良友,1935(1)22-23.

[16] 作者不详.最新式的旗袍式样[J].玲珑,1936,6(40):31.

[17] 叶浅予.妇女新式大衣之又一种[J].玲珑,1932,1(45).

[18] 高汉玉,王任曹,陈云昌.台西村商代遗址出土的纽织品[J].文物,1979(6):46-50.

[19] 夏鼐.我国古代蚕、桑、丝、绸的历史[J].考古,1972(2):20.

[20] 寓一.一个妇女衣装的适切问题[J].妇女杂志,1930,16:49-50.

[21] 石东来,毛成栋.钩编缨边花边编织技术探讨[J].针织工业,2013(9):21-23.

[22] 作者不详.旗袍的旋律[J].良友画报,1940.

[23] 作者不详.半年花边消耗六十万[J].经济旬刊,1934(4):16.

[24] 刘诗中.贵溪崖墓所反映的武夷山地区古越族的族俗及文化特征[J].南方文

物,1980(4):28-33,40.

[25] 新疆维吾尔自治区博物馆.1973年吐鲁番阿斯塔那古墓群发掘简报[J].文物,1975.

[26] 茆先云.宋元时期植物装饰纹样的文化解读[J].中国美术,2010(1):128-129.

[27] 陈绶祥.中国平面设计三题[J].装饰,1998(1):20-22.

[28] 王晖.试论我国传统服饰缘饰的内涵[J].中国纤检,2007(12):60-63.

[29] 邓咏梅,吕钊.唐宋时期丝绸织物中的植物纹样[J].四川丝绸,2004(2):50-51.

[30] 李寓一.近二十五年来中国南北各大都会之装饰[C]//清末民初中国各大都会男女
装饰论集.香港:中山图书公司,1972.

## 学位论文

[1] 梁之臻.中国明代风格应用于现代产品设计的研究[D].武汉:湖北工业大学,2012.

[2] 吴红艳.晚清民国女装装饰艺术研究[D].株洲:湖南工业大学,2009.

[3] 李厚清.论图案在服装设计中的装饰性特征[D].苏州:苏州大学,2008.

[4] 赵君.中国传统云纹装饰与现代设计应用[D].杭州:浙江理工大学,2009.

[5] 王玮.传统草木染料的五色色素萃取及应用研究[D].成都:西南交通大学,2006.

[6] 邹毅.晚清民初时期中国女装缘饰研究[D].上海:东华大学,2004.

[7] 吴卫.器以象制·象以圜生—明末中国传统升水器械设计思想研究[D].北京:清华大
学,2004.

## 报纸

[1] 上海申报馆.申报[N].上海:上海申报馆.1880.3.

[2] 作者不详.大华饭店昨晚慈善跳舞会中华时装来宾尤见特色[N].申报,1928-10-
25(15).

[3] 上海申报馆.纳凉闲谈[N].申报,1912-7-29.

[4] 警愚.改良社会讨论会—改良妇女服装之建议[N].申报,1932-9-17.

[5] 作者不详.矫时篇[N].大公报,1906-8-13.

[6] 作者不详.学部奏遵拟女学服色章程折[N].大公报,1910-1-20.

[7] 钱大成.花边[N].申报,1949-4-3.

[8] 石仲谋.巴黎近事录[N].申报,1928-10-24(21).

[9] 作者不详.今夏最盛行花边旗袍料最新镂空花样加阔花边[N].申报,1933-8-9.

[10] 作者不详.绮华公司参观记[N].申报,1925-11-22.

[11] 作者不详.湘鄂赴赛代表杨卓茂调查刺绣花边编织等品报告书[N].申报,1915-12-25.

[12] 作者不详.新到各种花边[N].申报,1923-6-30.

[13] 作者不详.特别嵌花衣边[N].申报,1925-12-11.

[14] 作者不详.新到定织之各式花边[N].申报,1923-4-8.

[15] 作者不详.中华工业厂之绣花衣裙料[N].申报,1926-5-25.

[16] 作者不详.申江陋俗[N].申报,1880-3-30.

[17] 鹃.女子春装[N].申报,1925-4-25.

## 档案

青岛档案馆.临全宗号:21[A]目录号:3,案卷号:828.

# 附录
# 历代《舆服志》关于缘饰记载

| | |
|---|---|
| 《晋书·舆服志》 | 衣皁(黑)色。前三幅,后四幅;衣画而裳绣。中衣以绛缘其领袖。下裳绛色;素带,广四寸。赤皮为韨。绛袴袜。素带,朱里,以朱绿褾(绲边)饰其侧 |
| 南朝梁《隋书·礼仪志》 | 其衣皁上;素带、朱里、朱绣,中衣绛缘领袖。韨,赤皮。绛袴袜 |
| 北朝魏《隋书·礼仪志》 | 上衣皁色。衮服皁衣,缘绛中单。裳绛色。前三幅后四幅。朱绂(韨),绛袴袜 |
| 隋《隋书·礼仪志》 | 上衣玄色。玄衣,衣褾、领织成升龙,白纱内单,黼领。下裳纁色。纁裳,韨随裳色,龙火山三章 |
| 唐《唐书·车服志》 | 衮冕,深青衣。大裘冕,黑羔表,纁里,黑领、褾、襈缘,白纱中单。朱裳、纁裳。韨以缯为之,隋裳色,画龙、火、山三章 |
| 《宋史·舆服志》 | 诸臣祭服,唐制。青罗衣,绯罗裳,绯蔽膝…… |
| 《明史·舆服志》 | 衮缘衣,白罗中单(素纱为之),韨领,青绿襈。黄色下裳,蔽膝随裳色(红罗蔽膝),腰有辟积,本色緥裆。绣龙、火、山文。"皇后常服:大带红线罗为之,有缘,余或青或绿,各随鞠衣色。缘襈袄子,黄色,红领褾襈裾,皆织金采色云龙文。缘襈裙,红色,绿缘襈,织金采色云龙文" |

# 后记

　　本书是在笔者2014年的博士论文《中国传统襟边缘饰研究》的基础上，结合2017年立项的教育部青年人文社会科学研究项目《孔府旧藏与儒生服饰文化》(项目号：17YJC760095)的研究集结而成。

　　在成书阶段，感谢青岛大学纺织服装学院与应用技术学院各位领导的大力支持，感谢服装系同仁们给予的建议与指导，感谢山东省博物馆的杨波馆长、曲阜孔子博物馆唐丽馆长提供了相关图片资料，感谢江南大学导师梁惠娥与崔荣荣教授给予的无私帮助以及江南大学民间服饰传习馆提供的馆藏支持，感谢苏州大学许星教授在本人攻读博士期间的指导，才让本书顺利完成。

　　此外，对于欣然接纳本书内容出版事宜并帮忙细致修改内容的中国纺织出版社有限公司郭慧娟、籍博等编辑，致上诚恳的谢忱！

魏娜

2020年7月